> 华为ICT认证系列丛书

华为技术认证

HCIA-Cloud Service
学习指南

华为技术有限公司 主编

人民邮电出版社
北 京

图书在版编目（CIP）数据

HCIA-Cloud Service学习指南 / 华为技术有限公司
主编. -- 北京：人民邮电出版社，2023.9
（华为ICT认证系列丛书）
ISBN 978-7-115-61490-2

Ⅰ. ①H… Ⅱ. ①华… Ⅲ. ①计算机网络—指南
Ⅳ. ①TP393-62

中国国家版本馆CIP数据核字(2023)第054000号

内 容 提 要

本书共 8 章，第 1 章对云计算的概念、商业模式及部署模式进行概述，并引入华为云；第 2 章介绍华为账号与统一身份认证服务，并详细说明创建和使用流程；第 3～6 章介绍计算云服务、网络云服务、存储云服务及镜像服务；第 7 章及第 8 章讲解弹性负载均衡、弹性伸缩、云监控服务、云日志服务的基础操作。除了讲解核心知识，本书还有详细的实验案例，将理论与实验结合，使读者快速掌握云服务核心组件的使用技能。

本书适合备考华为 HCIA-Cloud Service 认证的人员、从事云服务工作的专业人员阅读，也可以作为高等院校相关专业师生的参考教材。

◆ 主　　编　华为技术有限公司
　　责任编辑　李　静
　　责任印制　马振武
◆ 人民邮电出版社出版发行　　北京市丰台区成寿寺路 11 号
　　邮编　100164　　电子邮件　315@ptpress.com.cn
　　网址　https://www.ptpress.com.cn
　　三河市中晟雅豪印务有限公司印刷
◆ 开本：775×1092　1/16
　　印张：19.75　　　　　　　2023 年 9 月第 1 版
　　字数：468 千字　　　　　2023 年 9 月河北第 1 次印刷

定价：129.80 元

读者服务热线：(010)81055493　印装质量热线：(010)81055316
反盗版热线：(010)81055315
广告经营许可证：京东市监广登字 20170147 号

编 委 会

主　　任：彭　松

副 主 任：盖　刚

委　　员：孙　刚　王希海　罗　静　史　锐　张　晶

　　　　　朱殿荣　魏　彪　张　博

技术审校：孟宪阳　李凤宇　王清亮　马斯盛

主编人员：张智勇　邹圣林　田海锐　曾　曦

序　言

乘"数"破浪　智驭未来

当前，数字化、智能化成为经济社会发展的关键驱动力，引领新一轮产业变革。以 5G、云、AI 为代表的数字技术，不断突破边界，实现跨越式发展，数字化、智能化的世界正在加速到来。

数字化的快速发展，带来了数字化人才需求的激增。《中国 ICT 人才生态白皮书》预计，到 2025 年，中国 ICT 人才缺口将超过 2000 万人。此外，社会急迫需要大批云计算、人工智能、大数据等领域的新兴技术人才；伴随技术融入场景，兼具 ICT 技能和行业知识的复合型人才将备受企业追捧。

在日新月异的数字化时代中，技能成为匹配人才与岗位的最基本元素，终身学习逐渐成为全民共识及职场人保持与社会同频共振的必要途径。联合国教科文组织发布的《教育 2030 行动框架》指出，全球教育需迈向全纳、公平、有质量的教育和终身学习。

如何为大众提供多元化、普适性的数字技术教程，形成方式更灵活、资源更丰富、学习更便捷的终身学习推进机制？如何提升全民的数字素养和 ICT 从业者的数字能力？这些已成为社会关注的重点。

作为全球 ICT 领域的领导者，华为积极构建良性的 ICT 人才生态，将多年来在 ICT 行业中积累的经验、技术、人才培养标准贡献出来，联合教育主管部门、高等院校、教育机构和合作伙伴等各方生态角色，通过建设人才联盟、融入人才标准、提升人才能力、传播人才价值，构建教师与学生人才生态、终身教育人才生态、行业从业者人才生态，加速数字化人才培养，持续推进数字包容，实现技术普惠，缩小数字鸿沟。

为满足公众终身学习、提升数字化技能的需求，华为推出了"华为职业认证"，这是围绕"云-管-端"协同的新 ICT 技术架构打造的覆盖 ICT 领域、符合 ICT 融合技术发展趋势的人才培养体系和认证标准。目前，华为职业认证内容已融入全国计算机等级考试。

教材是教学内容的主要载体、人才培养的重要保障，华为汇聚技术专家、高校教师、培训名师等，倾心打造"华为 ICT 认证系列丛书"，丛书内容匹配华为相关技术方向认证考试大纲，涵盖云、大数据、5G 等前沿技术方向；包含大量基于真实工作场景的行业案例和实操案例，注重动手能力和实际问题解决能力的培养，实操性强；巧妙串联各知识点，并按照由浅入深的顺序进行知识扩充，使读者思路清晰地掌握知识；配备丰富的学习资源，如 PPT 课件、练习题等，便于读者学习，巩固提升。

　　在丛书编写过程中，编委会成员、作者、出版社付出了大量心血和智慧，对此表示诚挚的敬意和感谢！

　　千里之行，始于足下，行胜于言，行而致远。让我们一起从"华为 ICT 认证系列丛书"出发，探索日新月异的 ICT 技术，乘"数"破浪，奔赴前景广阔的美好未来！

华为 ICT 战略与 Marketing 总裁

前　言

华为云是华为技术有限公司（以下简称华为）面向所有云用户发布的一款云服务产品，定位于公有云。华为凭借在 ICT 基础设施领域 30 多年的积累与沉淀，为客户提供各种云与 AI 协同创新、中立、安全、可信的云服务。华为云持续升级全栈云原生技术，已经上线了多个云服务和多个解决方案。

华为云能够为跨国企业提供全球化的公有云服务，并为中国企业走向海外以及海外企业进入中国市场提供支持。华为云为亚太地区用户提供安全可靠的云服务，并在 10 多个亚太国家设有本地服务团队。2019 年，华为在南非正式上线华为云，是全球第一个在南非运营本地数据中心的云服务提供商。2020 年，华为云已覆盖非洲30 多个国家（地区）。

2021 年 9 月 30 日，华为正式在中国区发布 HCIA-Cloud Service V3.0 职业认证。与之前的版本相比，HCIA-Cloud Service V3.0 职业认证在网络云服务、存储云服务、华为云运维基础等实践操作上进行了优化升级，提升了使用云服务各类产品进行应用部署和维护的能力，用于认证能够使用计算、存储、网络等常用云服务知识构建企业架构的工程师。

本书是面向 HCIA-Cloud Service V3.0 认证考试的官方教材，由华为技术有限公司联合武汉誉天互联科技有限责任公司的专业人士，参照《HCIA-Cloud Service V3.0考试大纲》精心编写并经过详细审校而成，旨在帮助读者迅速掌握华为 HCIA-CloudService V3.0 认证考试所要求的知识和技能。

由于编者水平有限，加之时间仓促，疏漏之处在所难免，敬请读者批评指正！

本书配套资源可通过扫描封底的"信通社区"二维码，回复数字"614902"获取。

关于华为认证的更多精彩内容，请扫码进入华为人才在线官网了解。

华为人才在线

目　录

第1章
云计算的概念与价值

本章主要内容

1.1 云计算

1.2 云计算的商业模式及部署模式

1.3 华为云简介

1.1 云计算

"云计算"概念是在 2006 年 8 月召开的搜索引擎会议上，首次被谷歌首席执行官埃里克·施密特提出的。从此云计算开始改变我们的世界。

1.1.1 云计算的定义

美国国家标准与技术研究院对云计算进行了定义：云计算是一种资源（例如网络、服务器、存储、应用及服务），可以让用户随时随地、便捷地从计算资源共享池中获取，并且这些资源能够被快速申请和释放，使管理资源的工作量和与云计算提供商的交互减到最少。对于这个定义，您现在还是不能很好地理解也没关系，通过后续的学习，相信您对该定义会有更好的理解。

在云计算出现之前，一个企业如果要开展自己的业务，如公司网站、邮件系统、OA系统等，都需要自行购买服务器、交换机、存储等设备，还需要有专业的运维人员、带宽、空调，承担电费、设备折旧和损耗费用，这些成本都非常高。

企业可以在华为云上租用服务器来满足业务需求，就像使用自来水一样。从前每家每户都需要自己打一口井来取水，并自行维护水井，而现在只需要打开水龙头就可以用水了，不用维护管道，也不需要知道水是从哪里来的，反正用就可以了，每个月用多少吨水就付多少钱，按需付费。按需租用华为云服务器界面如图 1-1 所示。

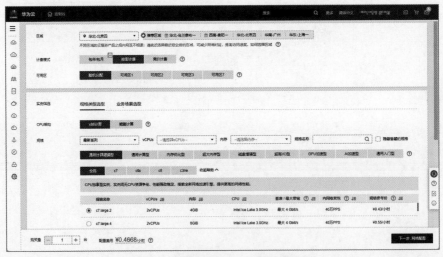

图 1-1　按需租用华为云服务器界面

1.1.2 云计算技术

1. 传统数据中心

在 2003 年以前，企业如果需要依赖 IT 系统开展业务，通常都会组建自己的数据中心。传统的数据中心场景如图 1-2 所示。

图 1-2　传统的数据中心场景

企业开展业务的流程：企业提出需求，IT 部门写方案并进行预算，经过多次修改、论证，企业通过方案，这个过程短则几天，长则几个月；方案通过后，企业开始选择设备品牌，与供应商谈判价格，这又是一场拉锯战，会消耗数周时间；确定各种细节后，企业开始购买设备，从订购到收货又需要一周甚至更长时间；企业收到设备后，上架设备，安装系统、应用，调试设备，上线业务，这一系列复杂的操作，可能耗费数月的时间，耗时又耗力。对于竞争激烈的市场，企业将错过很多商业机会。

数据中心运行几年后，很多设备老旧，或者业务访问量增长需要更换新的设备，会涉及如何将业务系统从旧设备迁移到新设备上。对此，我们通常会先搭建一个测试环境进行演练，待演练成功后，再找一个业务空闲的时段，由非常有经验的工程师操作，迁移时需要非常谨慎，迁移完成后还需要导入数据，测试业务。

如果传统数据中心的服务器出现故障，则可能会导致业务停止。要保证重要业务在服务器或者其他设备出现故障时还能继续运行，需要搭建集群系统，这势必会增加成本和维护复杂度。

一台服务器通常只能运行一个操作系统，为了保证业务安全也只能运行一个业务。企业一般会有很多业务，如网站业务、文件传输业务、邮件业务、中间件业务、企业自有业务等，因此需要多台服务器，并且需要考虑业务的可靠性，搭建集群，但这样，资源利用率非常低。

综上所述，传统数据中心业务上线慢，迁移烦琐，服务器资源利用率低，已经不能适应快速的市场变化和满足数据安全的诉求，因此虚拟化技术应运而生。

2. 虚拟化技术

虚拟化技术将一台计算机虚拟为多台逻辑计算机，每台逻辑计算机可运行不同的操作系统，并且应用程序可以在相互独立的空间内运行而互不影响，从而显著提高计算机的工作效率。

通过虚拟化技术，企业可以在一台物理主机上安装多台虚拟机，每台虚拟机都可以拥有独立的操作系统，例如在一台主机上可以安装 Windows 虚拟机，也可以安装 Linux 虚拟机，并且这两台虚拟机互不干扰。

虚拟化技术并不是新概念，早在 20 世纪 70 年代，大型计算机就能同时运行多个操作系统实例，每个实例也彼此独立。不过直到 20 世纪 90 年代末，软硬件方面的进步才使虚拟化技术有可能出现在基于行业标准的通用 x86 服务器上。

虚拟化技术有商业和开源两种解决方案，商业解决方案主要有 VMware Workstation、

Citrix XenServer、Microsoft Hyper-V 等，Xen 和 KVM 是两种主流的开源解决方案，国内的一些虚拟化厂商，如华为、H3C、深信服等的解决方案都是基于 KVM 二次开发而来的。我们平常在学习或搭建实验环境时可以使用 VMware Workstation 或 VirtualBox。VMware Workstation 界面如图 1-3 所示。

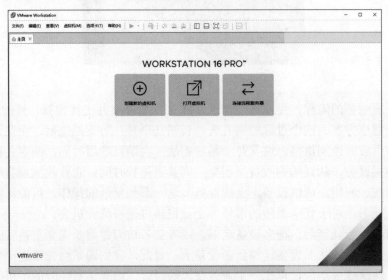

图 1-3　VMware Workstation 界面

VMware Workstation 功能强大，可以安装不同版本的操作系统，给操作系统添加多个硬盘、网卡等，还可以实现快照、克隆等功能。这给用户做实验和搭建测试环境提供了便利，但强烈建议不要在真实的业务环境中使用该软件。

为什么不建议呢？试想，如果在一台物理主机上安装了多台虚拟机，一旦这台物理主机发生故障，则运行在该主机上的虚拟机全部死机。

企业级虚拟化就是为了解决上述问题应运而生的，主流的有 VMware vSphere、Microsoft Hyper-V、Citrix XenServer 和华为 FusionCompute。下面以华为 FusionCompute 为例，讲解企业级虚拟化的架构和优势。华为 FusionCompute 的架构如图 1-4 所示。

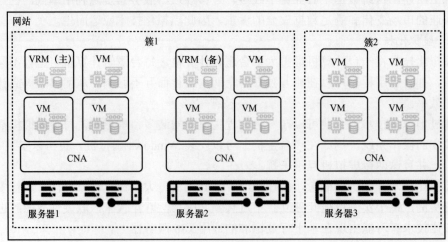

图 1-4　华为 FusionCompute 的架构

华为 FusionCompute 的架构包含两个重要的组件：VRM（虚拟资源管理）和 CNA（计算节点代理）。VRM 负责管理集群内的主机、网络资源、虚拟机的生命周期，虚拟机在计算节点上的分布和迁移，资源的动态调整，以及提供统一的操作维护管理接口。维护人员通过 Web UI 远程访问 FusionCompute 可以对整个系统进行维护。CNA 提供虚拟计算功能，管理计算节点上的虚拟机，以及计算、存储、网络资源。

通俗点说，CNA 负责运行虚拟机，提供计算（CPU 和内存）资源和网络资源；VRM 则负责管理和监控这些 CNA 主机，当某台 CNA 主机出现故障时，所有运行在该主机上的虚拟机全部关机，VRM 会立即检测到该故障，并让这些虚拟机自动在其他 CNA 主机上重新启动，确保业务的连续性，这个过程只需要几分钟。虚拟机的高可用及在线迁移如图 1-5 所示。

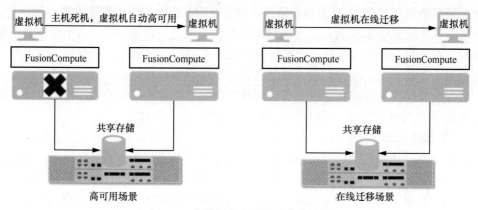

图 1-5　虚拟机的高可用及在线迁移

一台虚拟机动辄 GB 级，甚至 TB 级，能够做到在几分钟内完成迁移，主要得益于后端连接了共享存储。

共享存储主要用于存放虚拟机的磁盘文件，所有的 CNA 主机都能访问该存储，迁移虚拟机时不需要迁移磁盘文件。

如果说 VMware Workstation 是单兵作战，那么企业级虚拟化则是军团作战，共同协作，互相补位。

企业级虚拟化的优势：如果集群中某台 CNA 主机出现故障，VRM 会将该 CNA 主机上的虚拟机迁移到其他 CNA 主机上运行；如果集群中某台 CNA 主机负载过高，VRM 会根据负载均衡规则，将部分虚拟机热迁移到集群负载较低的主机上运行，在这个过程中业务不中断，是因为磁盘文件均被存放在共享存储中，热迁移的是内存中的数据，因此在极短时间内可以完成迁移；如果整个集群资源负载均过高，则只需要重新添加一台 CNA 主机，将部分虚拟机迁移到该主机上，即可确保整个集群负载均衡。

通过上述讲解，我们已经知道，虚拟化技术相对于传统数据中心，资源利用率更高，可靠性更强，管理也更加方便。所以虚拟化技术将在很长一段时间内流行。

3. 云计算的作用

为什么有了虚拟化，还需要云计算呢？虚拟化在技术方面已经很成熟了，但在服务方面还远远不够，例如将虚拟机出租就不太方便，用户无法自助管理，也不方便企业计费；另外，企业如果有不同厂商的虚拟化平台，无法将其组成统一的资源池管理，则容易形成"资源孤岛"。因此，云计算出现了。

云计算是一种服务模式，将计算资源、网络资源和存储资源进行池化，用户可以通过网络方便快捷地访问资源，按需使用，按使用量付费，并且能够通过自服务界面对资源进行快速申请、使用、释放、弹性扩容等操作。如果把虚拟化比作我们儿时的商店，则我们去商店购买商品，需要跟售货员说清楚买什么，售货员从货架上把商品拿到柜台上，我们付钱，交易结束。而云计算更像无人超市，明码标价，我们需要什么商品就自行去货架上挑选，然后自助结算即可。

4．虚拟化与云计算的关系

虚拟化是实现云计算的关键技术，虚拟化提供计算、存储、网络资源，同时实现资源复用；云计算并不提供资源，主要进行资源池化（把底层的各种资源接管后，组成一个大的资源池供租户使用）、多租户隔离、按需使用、自助管理、按量计费。申请一台弹性云服务器（ECS），其实就是在底层虚拟化平台上创建一台虚拟机。云平台接管虚拟化资源时，在云平台上发送的指令会被转换成虚拟机的指令；云平台接管存储设备时，则在云平台上创建一块云硬盘，在存储上创建一个逻辑单元号。

云平台只能对接虚拟化提供计算资源吗？答案是否定的。云平台还可以对接底层的物理主机[在云平台中被称为裸金属服务器（BMS）]。

5．容器技术

虚拟化和云计算技术已经很成熟了，但资源消耗都比较大。通常情况下，企业如果要运行多个业务，每个业务都需要单独配置一台虚拟机，如 Web 和数据库，Web 需要一台虚拟机，数据库需要一台虚拟机，每台虚拟机都需要独立占用资源。那么为什么不能把 Web 和数据库放在同一台虚拟机中呢？因为这样不安全，无法实现资源隔离。那么有没有一种方法，既能实现资源隔离，又能更轻量化？答案是容器技术。

容器既可以被部署在物理主机上，也可以被部署在云主机中。在一台物理主机上可以同时运行几十个容器，每个容器都可以独立运行一个业务，不需要独立的操作系统。运行在同一台主机上的所有容器共享同一个内核，分别使用 namespace 和 cgroup 来实现资源隔离和限制，这样既能安全隔离资源，又非常节省资源。近年来，容器技术在互联网行业大火，特别是在开发和运维方面，极大地解决了规模化和灵活化部署的问题。作为容器技术的代表，Docker 更是被广泛应用，无论是前后端开发还是运维测试，Docker 都是必学的技术。

容器技术与虚拟化技术特性的对比见表 1-1。

表 1-1　容器技术与虚拟化技术特性的对比

特性	容器技术	虚拟化技术
启动时间	秒级	分钟级
硬盘容量	一般为 MB	一般为 GB
隔离级别	应用程序级别隔离	用户资源级别隔离
系统支持量	单机支持上千个容器	一般支持几十台虚拟机

1.1.3　云计算的应用场景

云计算其实就在我们身边，我们在美团上点外卖，使用滴滴打车，在百度上搜索，使用高德地图进行导航，在京东上购物，使用微信聊天，这些都是云计算在后台进行支撑，完成每秒数以亿计的计算，是传统数据中心难以实现的。

　　未来一定是人工智能和万物互联的时代，要发展人工智能，必须有强大的算力，同时海量的数据和精准的算法缺一不可。而强大的算力需要依赖云计算的规模效应，所以云计算的发展才刚刚开始，在未来很长一段时间都会被需要。企业对云计算人才的需求也在逐年增加，从事云计算工作将会是一个不错的选择。

1.2　云计算的商业模式及部署模式

1.2.1　云计算的商业模式

　　云计算的发展如日中天，云计算厂商推出了各自的解决方案，对于个人用户或者企业用户来说，该如何选择呢？主流的云计算商业模式有 3 种：基础设施即服务（IaaS）、平台即服务（PaaS）、软件即服务（SaaS），如图 1-6 所示。

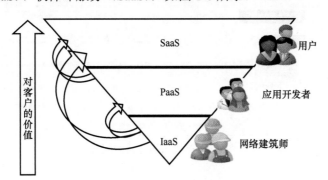

图 1-6　3 种云计算商业模式

　　1．IaaS

　　IaaS 的本质就是出租服务器。一家企业如果想要搭建一个公司的门户网站，需要购买服务器、网络交换机、存储设备、机柜、空调、网络带宽等，这些成本很高，每年还有损耗、运维成本，并且从确定方案到购买、收货、安装、配置等需要很长时间。企业去云上购买服务器几分钟就能使用了，并且可以按需计费，不需要时可以关机甚至退订，包月、包年也很便宜。用户根据业务需求，决定购买哪些服务、时长，以及使用什么样的配置，云计算厂商只需提供基础设施（CPU、内存、网络、磁盘等）。弹性云服务器的配置如图 1-7 所示。

　　2．PaaS

　　PaaS 不但给客户提供基础设施，还在基础设施上配置了操作系统、中间件、数据库、运行环境等，从而为开发者搭建了一个开发平台。客户在平台上开发自己的应用，只需要关注自己的业务逻辑，而不需要关注底层硬件设备。

　　3．SaaS

　　SaaS 是把软件以服务的方式出租给用户，用户不需要自己开发，也不用安装客户端，直接就可以使用，例如 Microsoft 365、Salesforce 的 CRM，还有一些页面游戏、人工智能服务等。SaaS 是未来各大云计算厂商争抢的领域，也是各厂商的差异点。华为云上的人脸识别系统，不需要用户自己开发程序和算法，可以直接付费使用，如图 1-8 所示。

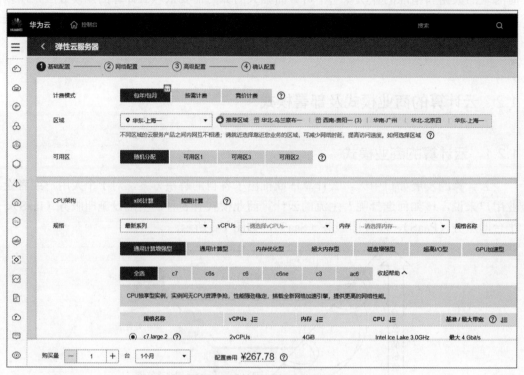

图 1-7　弹性云服务器的配置

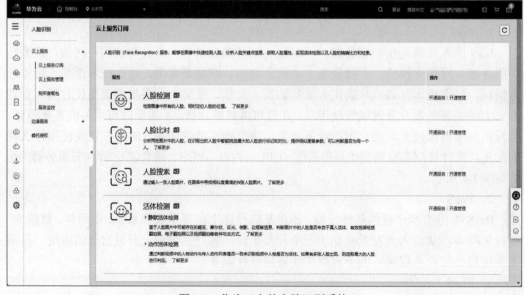

图 1-8　华为云上的人脸识别系统

我们再来举例说明三者的区别：云计算厂商就好像是房东出租房子，IaaS 是"水电气三通"的毛坯房；PaaS 相当于精装房，还需要住户购买家具和日用品；SaaS 则是可拎包入住的酒店式公寓。

1.2.2 云计算的部署模式

云计算的部署模式一共可以分为 3 类：公有云、私有云和混合云，如图 1-9 所示。

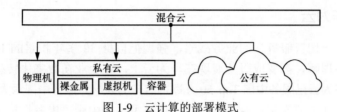

图 1-9 云计算的部署模式

1. 公有云

公有云是云服务提供商部署 IT 基础设施并进行运营维护，将基础设施承载的标准化、无差别的 IT 资源提供给公众客户的服务模式。

公有云的核心特征是基础设施所有权属于云服务商，云端资源向社会大众开放，符合条件的任何个人或组织都可以租赁并使用云端资源，且不需要进行底层设施的运维。公有云的优势是成本较低，不需要维护，使用便捷且易于扩展，可满足个人、互联网企业等大部分客户的需求。

一家创业型公司（如电商或者游戏公司），如果创业初期资金不足，对未来业务增长不可预见，那么最好选择公有云，可以按需付费，快速上线，弹性扩容，满足公司需求。国内公有云市场增长迅猛，主要厂商有阿里云、华为云、腾讯云、金山云等。公有云也有缺点，就是安全性和隐私性相对较差。

2. 私有云

私有云是云服务商为单一客户构建 IT 基础设施，相应的 IT 资源仅供该客户使用的产品交付模式。私有云的核心特征是云端资源仅供某一个客户使用，其他客户无权访问。由于私有云模式下的基础设施与外部分离，因此数据的安全性相比公有云更高，满足了政府机关、金融机构以及其他对数据安全要求较高的客户的需求。

3. 混合云

混合云是用户同时使用公有云和私有云的模式。一方面，用户在本地数据中心搭建私有云，处理大部分业务并存储核心数据；另一方面，用户通过网络获取公有云服务，满足峰值时期的 IT 资源需求。

混合云能够在部署互联网化应用、提供最佳性能的同时，兼顾私有云本地数据中心所具备的安全性和可靠性，使企业更加灵活地根据各部门工作负载选择云部署模式，因此受到规模庞大、需求多样化的大型企业的广泛欢迎。

企业可以把安全性要求高的业务放在本地私有云中，把对带宽要求高、访问量大、对安全性要求不高的业务（如公司门户网站、电商平台等）放在公有云中，但公有云和私有云之间需要通信，这时就需要用到混合云了；另外有些企业也会将核心业务放在私有云中，为了防止业务受各种不可抗因素影响，会在公有云上为私有云搭建灾备系统，确保业务的可靠性。

1.3 华为云简介

1.3.1 走进华为云

华为基于"一切皆服务"的业务战略，强调把自身 30 多年积累的 ICT 技术、数字化转型的经验和理解，都变成服务展现在华为云上，让企业在数字化转型中少走弯路。

2021 年，华为云已服务中国 Top 50 互联网客户的 80%，服务中国六大银行以及 Top 5 保险机构，帮助 1.7 万家制造企业进行数字化转型，为中企"出海"提供全球一站式、一致性体验的云服务。

在 2022 年 3 月底举办的华为 2021 年财报会上，华为高管表示，华为云 2021 年的营收同比增长超过 30%，在国内 IaaS 市场排第二，全球排第五。

1.3.2 华为云上服务

华为云提供了二十五大类，超过 100 种云上服务，其中包括主流的大数据、人工智能、区块链、物联网等，为用户提供多样性选择。后文将带领大家一起走进华为云的世界，学习华为云的各项服务。

第2章
华为账号
与统一身份认证服务

本章主要内容

华为云登录入口较多，权限体系也较为庞大，尤其是经过整合后，账号之间存在怎样的区别和联系？IAM（统一身份认证）服务中的权限管理、项目管理和委托又是怎么回事？这些问题将在本章进行详细解答。

2.1　华为账号的概念与注册

2.1.1　华为账号与华为云账号的区别

华为账号即 HUAWEI ID，是用户访问华为各网站的统一"身份标识"，也就是只需注册一个华为账号，即可访问所有华为服务以及华为开发者联盟。华为账号是华为云资源归属、资源使用计费的主体，对其所拥有的资源及云服务具有完全的访问权限，同时具有重置用户密码、分配用户权限、统一接收所有 IAM 用户进行资源操作时产生的费用账单的功能。

华为云账号只能用于登录华为云，无法用于登录其他华为服务。当用户选择注册华为账号时，系统会提示开通华为云业务，此时就实现了一个账号多平台使用；当用户选择注册华为云账号时，系统会自动跳转至华为账号注册界面。接下来，我们一起注册华为账号并开通华为云业务。

2.1.2　注册华为账号

注册华为账号及开通华为云业务的具体步骤如下。

步骤 1　注册华为账号

登录华为云官网，在网页右上角单击"登录"，华为账号登录界面如图 2-1 所示，在登录界面选择"注册"选项。

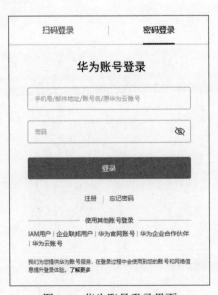

图 2-1　华为账号登录界面

在华为账号注册界面，填写手机号、验证码、账号名称、密码，然后单击"注册"，如图 2-2 所示。

图 2-2　注册华为账号

步骤 2　开通华为云业务

单击"注册"后，系统会提示开通华为云业务，如图 2-3 所示，勾选协议和声明，单击"开通"。

图 2-3　开通华为云业务

接下来系统提示开通成功，如图 2-4 所示。

图 2-4　开通成功

步骤 3　实名认证

开通成功后，单击"实名认证"，系统将跳转至账号中心的实名认证界面，如图 2-5 所示。

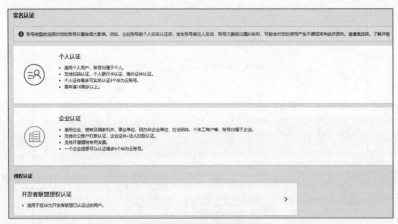

图 2-5　实名认证界面

实名认证界面有两种认证方式：个人认证及企业认证。本例选择个人认证。单击"个人认证"，进入个人认证界面，如图 2-6 所示。个人认证提供 3 种认证方式，本例采用推荐的"扫码认证"。

图 2-6　个人认证界面

单击"扫码认证"，在认证界面使用微信扫描二维码，如图 2-7 所示。手机将跳转至人脸识别认证界面。

图 2-7　扫描二维码

人脸识别认证界面如图 2-8 所示。在其中填写真实姓名及身份证号，勾选隐私政策声明，单击"下一步"。

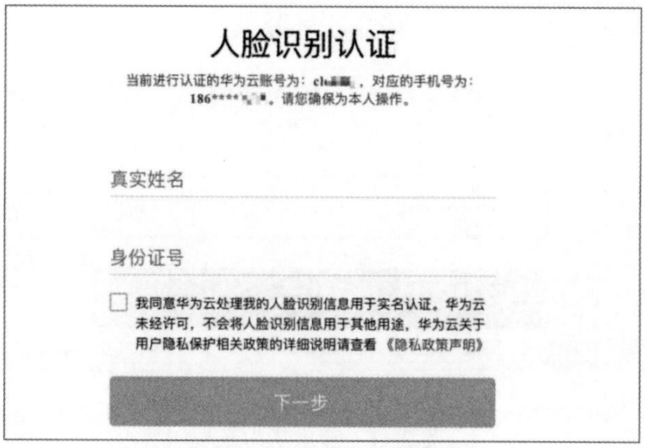

图 2-8　人脸识别认证界面

按照提示要求录制视频并上传，如图 2-9 所示。

图 2-9　录制视频并上传

待手机端认证成功后，计算机端显示个人认证成功，如图 2-10 所示。

图 2-10　个人认证成功

步骤 4　尝试重新登录华为云

返回登录界面，并尝试使用注册的华为账号重新登录。输入账号和密码，单击"登录"，如图 2-11 所示。

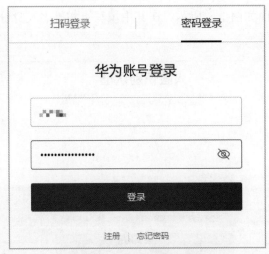

图 2-11　登录华为账号

登录成功后，将显示华为云控制台界面，如图 2-12 所示。

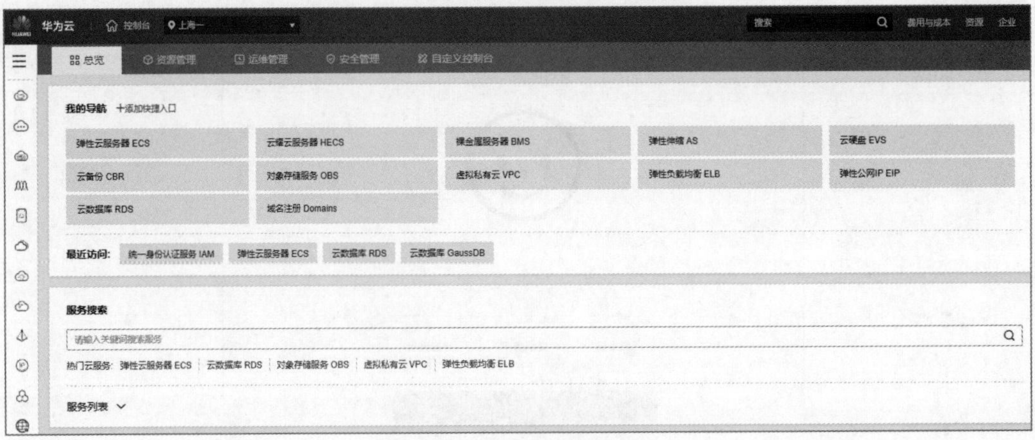

图 2-12　华为云控制台界面

至此，我们就完成了华为账号的注册及华为云业务的开通。使用华为账号登录后，即可在华为云控制台界面进行各个服务的创建和使用。

2.2　统一身份认证服务

2.2.1　统一身份认证服务简介

统一身份认证服务是华为云提供权限管理、访问控制和身份认证的基础服务。我们可以使用统一身份认证服务创建和管理用户、用户组，通过授权来允许或拒绝用户对云服务和资源的访问，通过设置安全策略提高账号和资源的安全性。

前面我们创建了华为账号，并通过该账号登录了华为云。在华为云界面中，选择"统一身份认证"选项，如图 2-13 所示，即可进入用户列表界面。

图 2-13　选择"统一身份认证"选项

用户列表界面有个默认用户，即之前创建华为账号使用的用户，默认权限为"企业管理员"（也就意味着该用户拥有当前环境中的最大权限，可以使用所有区域内的云服务资源），如图 2-14 所示。

图 2-14　用户角色描述

现在试想一下，企业有多个部门，每个部门分管着不同的业务，如果每个部门在使用云服务相关资源时，都通过"企业管理员"角色的用户进行操作，那么一旦出现问题，就很难去追责，因为大家使用的都是同一个账号。

所以，账号的分管和控权就显得尤为重要。这时，就可以通过统一身份认证服务来为每个部门创建一个子账号，并为每个子账号赋予不同的权限。

2.2.2　IAM 用户的创建

接下来，我们在华为账号"cloudcs"下创建 IAM 用户，具体步骤如下。

步骤 1　创建用户组

为了方便管理 IAM 用户权限，需要将 IAM 用户绑定相关用户组，并针对不同的用户组进行授权。在统一身份认证服务界面左边菜单栏中选择"用户组"，并单击右上角的"创建用户组"。在"创建用户组"界面中的"用户组名称"一栏输入"development"，该用户组是专门供开发部门使用的，最后单击"确定"，如图 2-15 所示。

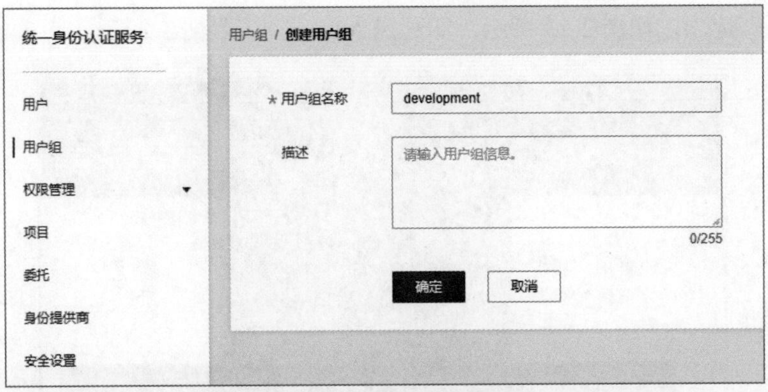

图 2-15　创建用户组

创建成功后，查看用户组列表，如图 2-16 所示。

图 2-16　查看用户组列表

步骤 2　创建 IAM 用户

在统一身份认证服务界面左边菜单栏选择"用户"，并单击右上角的"创建用户"，在出现的界面中的用户名称一栏输入"dev001"，这表示是为开发部门创建的第一个 IAM 用户。在"凭证类型"选项下勾选"密码"并输入自定义密码，如图 2-17 所示。其他保持默认并单击"下一步"。

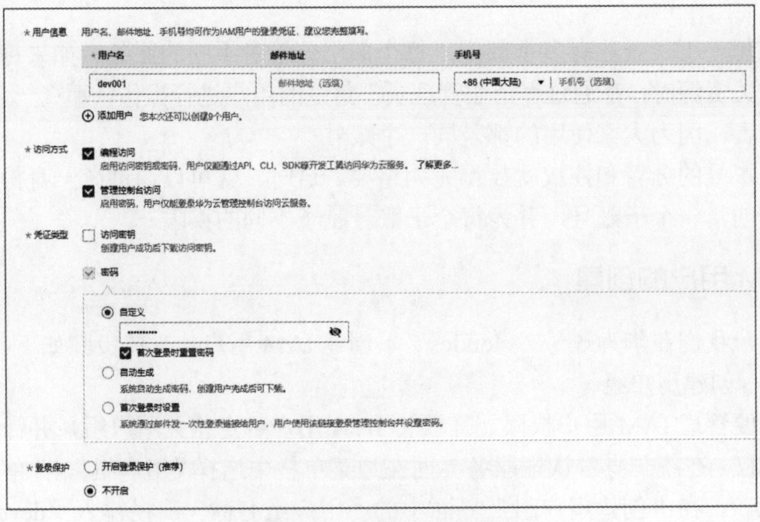

图 2-17　配置用户信息

为用户选择刚才创建的"development"用户组，当然也可以选择"admin"选项，只不过"admin"拥有所有权限，因此对于 IAM 用户来说，分权管理的意义就不大了。可选用户组界面如图 2-18 所示。

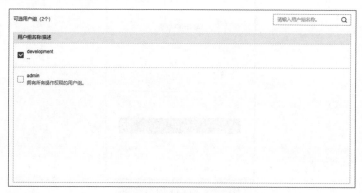

图 2-18　可选用户组界面

勾选用户组后，单击"创建用户"，需要注意的是，一个用户可以加入多个用户组，这时用户拥有的权限就是多个用户组权限的集合。创建用户成功的界面如图 2-19 所示。

图 2-19　创建用户成功的界面

步骤 3　尝试使用 IAM 用户登录

在步骤 2 中，我们创建了 IAM 用户"dev001"，并将它加入"development"用户组。但是该用户组默认没有被授予任何权限，因此该组里的 IAM 用户"dev001"也是没有任何权限的。接下来使用 IAM 用户"dev001"登录并查看效果。

首先退出当前账号，返回到登录界面，在登录界面左下角选择"IAM 用户"选项，如图 2-20 所示。

图 2-20　登录界面

在 IAM 用户登录界面，输入华为云账号，即我们在前面创建的用户；输入 IAM 用户"dev001"，并输入密码，单击"登录"，如图 2-21 所示。

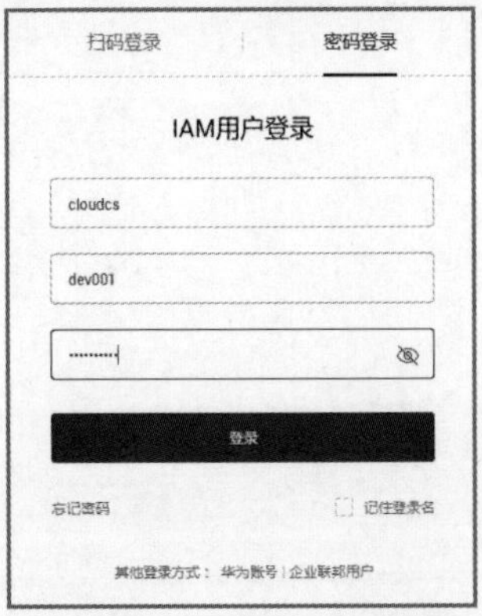

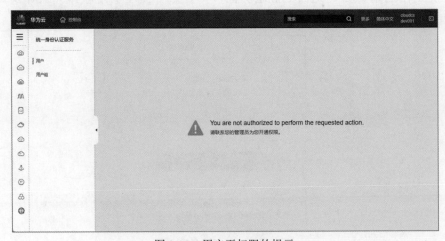

图 2-21   IAM 用户登录

由于我们在创建 IAM 用户时，勾选了"首次登录时重置密码"选项，因此首次登录需要更改密码，输入新密码后单击"确定"，如图 2-22 所示。

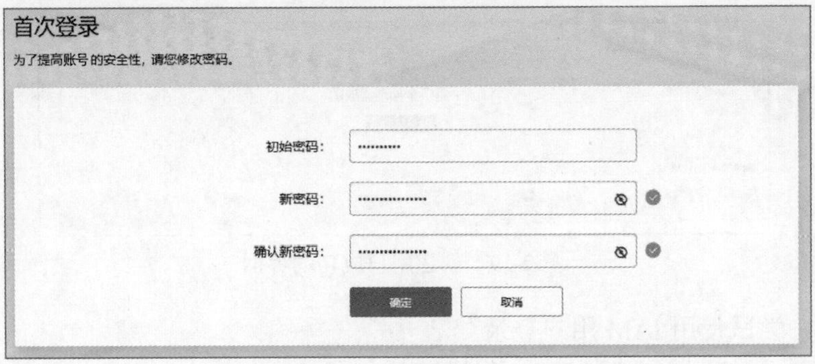

图 2-22   更改密码

登录后，我们会发现该 IAM 用户在默认情况下对所有的云服务都没有权限，如图 2-23 所示。

图 2-23   用户无权限的提示

切换弹性云服务器依然提示没有权限，如图 2-24 所示。

图 2-24　弹性云服务器无权限的提示

也就是说登录 IAM 用户"dev001"后，因为该用户暂未授权，所以所有的操作都无法进行。接下来我们对这个 IAM 用户进行赋权操作。

2.2.3　IAM 用户的授权

针对 IAM 用户进行授权，使他仅能在"华东-上海一"区域拥有"弹性云服务器"的所有权限。例如，针对弹性云服务器可以进行创建、删除、启动、停止等操作。为 IAM 用户授权的具体步骤如下。

步骤 1　为用户组勾选策略

退出当前 IAM 用户，使用华为账号登录华为云，在控制台界面选择"统一身份认证服务"。在界面左侧菜单栏选择"用户组"选项，如图 2-25 所示。

图 2-25　选择"用户组"

在用户组名称"development"后面单击"授权"，因为当前界面策略比较多，所以我们可以在授权界面右上角输入"ECS"进行过滤，并勾选"ECS FullAccess"策略，如图 2-26 所示，然后单击"下一步"。

图 2-26　选择策略

步骤 2　确定授权范围方案

授权范围方案分为两种：所有资源和指定区域项目资源。如果选择前者，那么 IAM 用户可以根据权限使用账号中的所有资源；如果选择后者，那么用户只能根据权限使用已选区域项目中的资源。根据之前的规划，我们选择后者，且只勾选"cn-east-3[华东-上海一]"，如图 2-27 所示，然后单击"确定"。

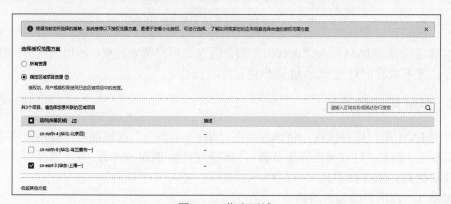

图 2-27　指定区域

注意：指定区域项目资源下方列出的区域项目，是主账号（即华为账号）访问过的区域，只有访问过的区域才会在下面展示。

授权成功后，单击"完成"，如图 2-28 所示。

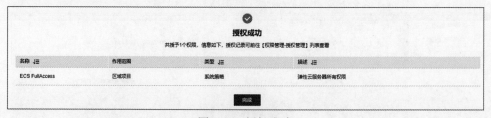

图 2-28　授权成功

步骤 3　使用 IAM 用户登录测试权限

退出当前华为账号，返回到登录界面，在登录界面左下角选择"IAM 用户"进行登录。

登录成功后，默认进入用户界面，系统依然提示没有权限，这是正常的，因为我们对 IAM 用户仅仅设置了弹性云服务器的权限，并没有赋予用户管理的权限。在控制台服务列表中选择"弹性云服务器 ECS"，如图 2-29 所示。

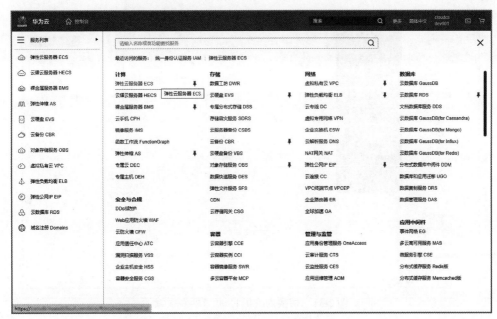

图 2-29 选择 "弹性云服务器 ECS"

这时可以看到，弹性云服务器界面并没有提示相关权限，说明该 IAM 用户已具备了弹性云服务器的所有操作权限，如图 2-30 所示。

图 2-30 弹性云服务器界面

如果使用当前 IAM 用户账号尝试从 "华东-上海一" 区域切换到其他区域，是否也具备 "华东-上海一" 的相关权限？我们来尝试下。在当前界面中，选择 "华北-北京四" 区域，如图 2-31 所示。这时我们会发现，IAM 用户无法使用 "华北-北京四" 区域的任何资源，系统提示无权限，如图 2-32 所示。因为在指定区域授权时，IAM 用户所在的用户组仅指定了 "华东-上海一" 区域，所以无法使用 "华北-北京四" 区域或其他区域的任何资源。

图 2-31　切换为"华北-北京四"区域

图 2-32　提示无权限

这样就实现了针对 IAM 用户权限的精细化管理，当前 IAM 用户如果需要访问其他区域的资源，可重复该小节步骤进行对应区域的授权操作。

2.2.4　区域项目的创建

在前文中，我们通过为用户组指定策略实现了对 IAM 用户权限的管理，限定 IAM 用户只能在"华东-上海一"区域内进行操作。"华东-上海一"区域是一个位于上海的物理数据中心，对于应用程序或用户来说，所有的业务数据都会被存放在"华东-上海一"物理数据中心，进行统一的管理。

现在有这样一个需求，即上海的一家公司，按照区域就近原则，其云服务应该选择

"华东-上海一"区域，这样可以保证业务之间具有最短的时延，有利于优化业务性能，但是该公司下面又存在两个部门或者两个分公司，一个位于上海黄浦区，另一个位于上海静安区，分别分管着不同的业务线。这两个部门或分公司虽然都在"华东-上海一"区域，但是需要对数据进行单独管理，业务上需要彼此相互独立。

针对该需求，我们可以通过创建区域项目，实现在同一个区域内隔离不同部门或分公司的业务。相当于在"华东-上海一"区域下创建多个子区域，将"华东-上海一"区域下的计算资源、存储资源和网络资源进行隔离。接下来我们就创建两个区域项目进行操作演示。

创建区域项目的具体步骤如下。

步骤 1　创建两个区域项目

使用华为账号登录华为云，在控制台界面选择"统一身份认证服务"。在界面左侧菜单栏选择"项目"，单击右上角的"创建项目"。在创建项目界面中，选择所属区域"华东-上海一"，输入项目名称为"huangpu"，单击"确定"，如图 2-33 所示。注意：区域项目一旦被创建，是无法被删除的。

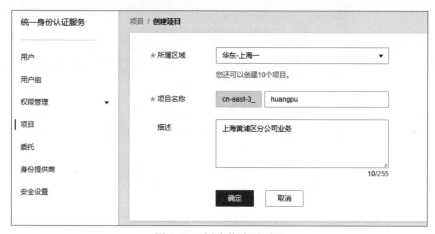

图 2-33　创建黄浦区项目

在确认界面单击"确认"，如图 2-34 所示。

图 2-34　确认创建

重复上述步骤，在"华东-上海一"区域创建第二个项目"jingan"，单击"确定"，如图 2-35 所示。

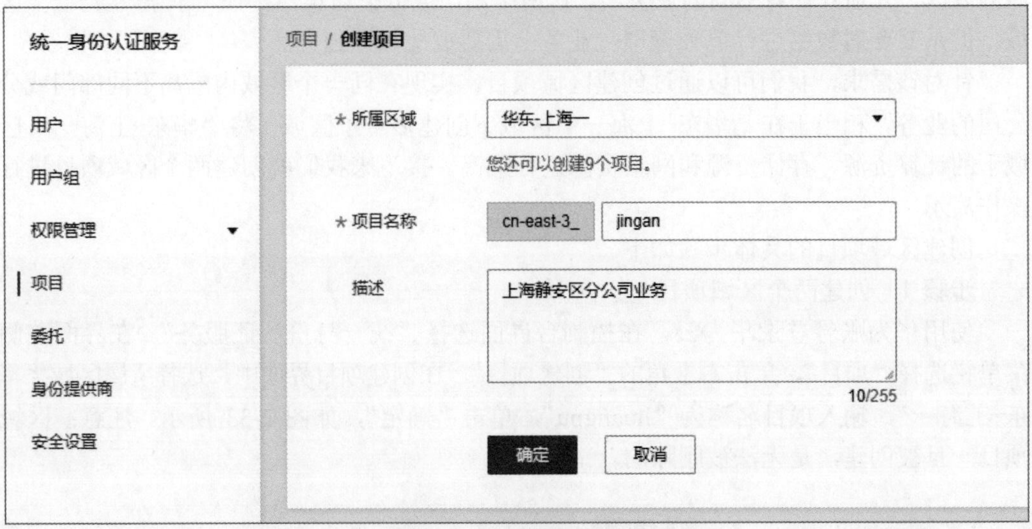

图 2-35　创建静安区项目

最终，在项目界面中，我们可以看到"华东-上海一"区域有两个子项目，如图 2-36 所示。

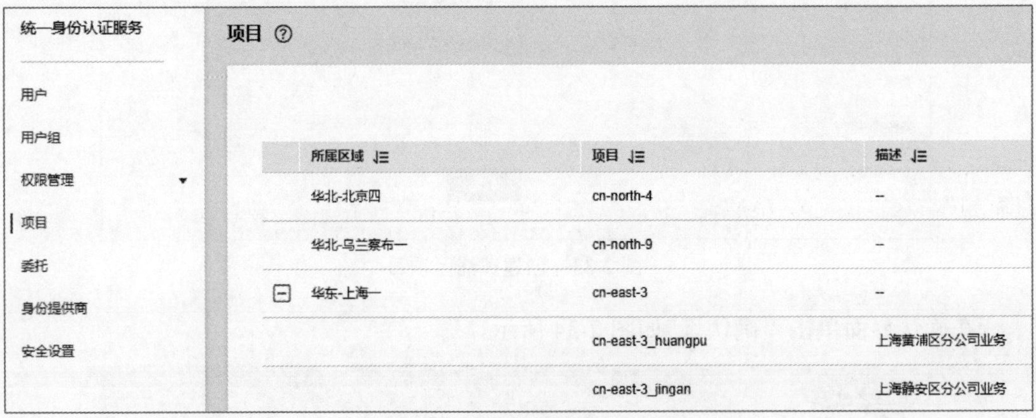

图 2-36　项目总览

步骤 2　更改 IAM 用户"dev001"的授权范围

IAM 用户"dev001"之前的授权范围是"华东-上海一"区域，现在将"dev001"的授权范围更改到"上海黄浦"区域。在界面左侧菜单栏选择"用户组"，在右侧单击"development"用户组。在下方授权记录中勾选对应权限，单击"删除"，如图 2-37 所示。

注意：删除授权时，为了确保安全，系统会通过手机或邮箱等方式进行确认。

删除授权后，需要重新授权。在用户组名称"development"后面单击"授权"。在授权界面右上角输入"ECS"进行过滤，并勾选"ECS FullAccess"策略，如图 2-38 所示，然后单击"下一步"。

图 2-37　删除授权

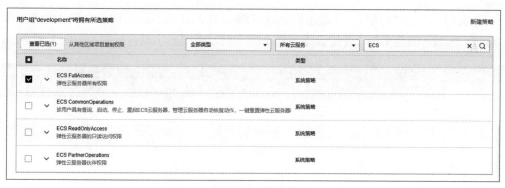

图 2-38　选择策略

在指定区域项目资源下面，可以看到"华东-上海一"区域共有 3 个项目，分别是
"cn-east-3_huangpu[华东-上海一]""cn-east-3_jingan[华东-上海一]""cn-east-3[华东-上
海一]"。这里仅允许 IAM 用户"dev001"对"cn-east-3_huangpu[华东-上海一]"项目有
操作权限，勾选所属区域，如图 2-39 所示，然后单击"确定"。

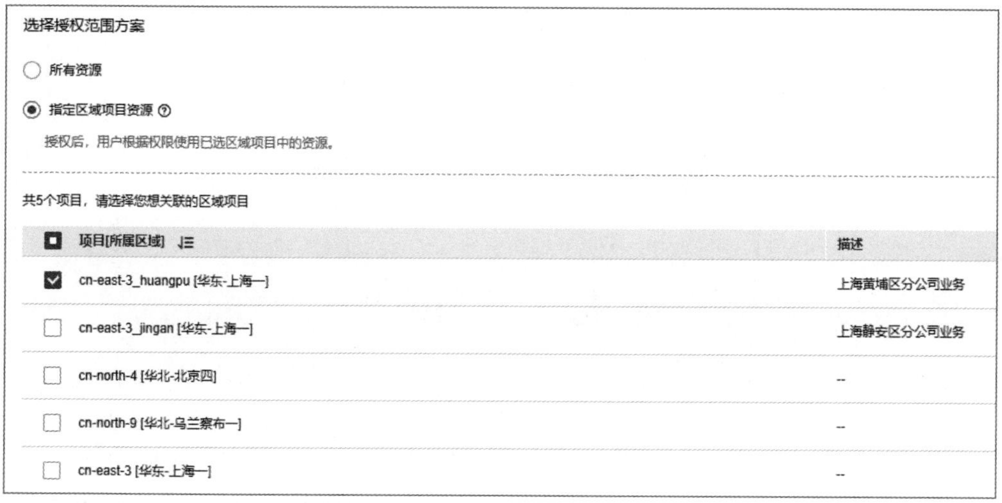

图 2-39　指定区域

在授权成功界面单击"完成",如图 2-40 所示。

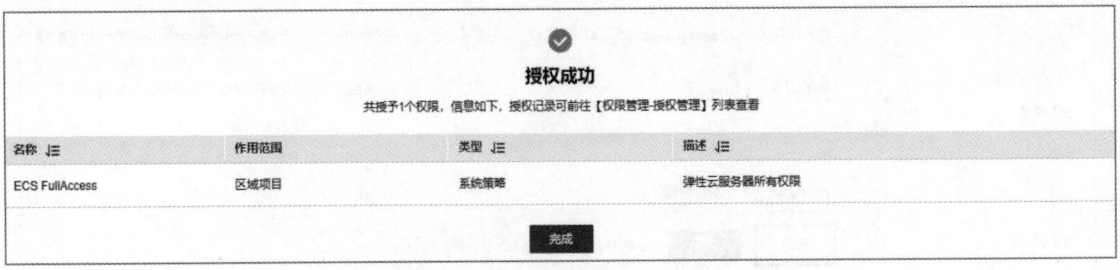

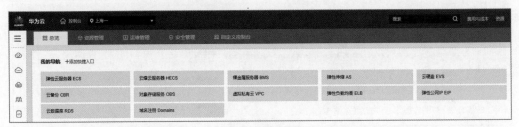

图 2-40　区域项目授权成功

步骤 3　登录 IAM 用户测试权限

退出当前华为账号,返回到登录界面,在登录界面左下角选择"IAM 用户"进行登录。

登录后,单击"控制台",显示的默认区域如图 2-41 所示。当前用户默认在"华东-上海一"区域,但是单击"弹性云服务器 ECS"时,系统提示没有权限,如图 2-42 所示。

图 2-41　默认区域

图 2-42　系统提示无权限

系统提示无权限的原因是在"步骤 2"中,我们没有对 IAM 用户"dev001"在"华东-上海一"区域进行授权，仅对其在"cn-east-3_huangpu[华东-上海一]"的区域进行了授权。所以，接下来我们需要切换区域再次尝试。在华为云的控制台界面，选择区域为"huangpu"，如图 2-43 所示。单击"弹性云服务器 ECS"，可以看到界面正常加载，说明 IAM 用户"dev001"在当前区域内有操作权限，如图 2-44 所示。

图 2-43　切换区域

图 2-44　弹性云服务器界面

同理，我们可以继续创建第二个 IAM 用户，用于管理和访问"cn-east-3_jingan[华东-上海一]"区域，以此来实现不同的用户分管不同的区域项目，最终达到业务上的独立。

2.2.5　委托授权

在公有云平台，各个用户管理着自己的云服务资源，用户之间的资源也是相互独立的。一旦某个云服务出现问题，自己又搞不定，那怎么办？常规操作是将自己的账号、密码告知他人，请求协助，因此账号的安全性就得不到保障。当然后面可以修改账号、密码，但循环往复地修改密码着实让人头疼。

为了提升账号和业务的安全性，我们可以通过统一身份认证服务的委托信任功能，将自己账号中的资源操作权限授权委托给更专业、高效的其他账号。被授权委托的账号可以根据权限来对授权委托账号中的云服务资源进行运维管理。

假设公有云有两个用户，分别为"cloudcs"和"cloudsc"。注意区分"cs"和"sc"，这两个都是华为账号，不是 IAM 用户。在"cloudcs"用户下的"华北-北京四"区域中，有名称为"cloudcs-bj4-ecs01"的弹性云服务器，如图 2-45 所示。

图 2-45　"华北-北京四"区域中的弹性云服务器

现在该弹性云服务器出现了一些问题，需要别人帮助排查错误，把账号、密码告诉别人感觉不安全；远程协助意味着不能操作计算机，又会耽误其他工作。这时，我们可以把该弹性云服务器授权委托给其他账号进行协助处理。

授权委托的具体步骤如下。

步骤 1　创建委托

使用华为账号"cloudcs"登录华为云，在控制台界面选择统一身份认证服务。在界面左侧菜单栏选择"委托"，单击右上角的"创建委托"，如图 2-46 所示。

图 2-46　委托界面

填写委托名称为"cloudcs-bj4-ts"，选择委托类型为"普通账号"（即委托给独立的某个账号），填写委托的账号为"cloudsc"，选择持续时间为"永久"，单击"下一步"，如图 2-47 所示。

图 2-47　创建委托

步骤 2　指定委托策略及授权范围

指定"cloudcs-bj4-ts"委托策略，如委托"ECS FullAccess"弹性云服务器所有权限和"VPC FullAccess"虚拟私有云所有权限，如图 2-48 所示。勾选相关策略后，单击"下一步"。

图 2-48　指定委托策略

在选择授权范围方案界面选择"指定区域项目资源"，因为要委托的弹性云服务器对象在"华北-北京四"区域内，所以勾选项目"cn-north-4[华北-北京四]"，如图 2-49 所示。单击"确定"，即可成功授权。

选择授权范围方案		
○ 所有资源		
◉ 指定区域项目资源 ⑦		
授权后，用户根据权限使用已选区域项目中的资源。		
共5个项目，请选择您想关联的区域项目		请输入区域名称或描述进行搜索　Q
项目[所属区域] ↓三	**描述**	
☐ cn-east-3_huangpu [华东-上海一]	上海黄浦区分公司业务	
☐ cn-east-3_jingan [华东-上海一]	上海静安区分公司业务	
☑ cn-north-4 [华北-北京四]	--	
☐ cn-north-9 [华北-乌兰察布一]	--	
☐ cn-east-3 [华东-上海一]	--	

图 2-49　选择项目

在授权成功界面单击"完成"，如图 2-50 所示。

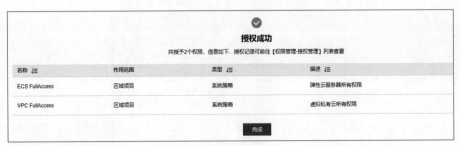

图 2-50　授权成功

步骤 3　测试委托

委托授权成功后，在委托界面可看到委托名称"cloudcs-bj4-ts"及委托对象"cloudsc"，如图 2-51 所示。

图 2-51　查看委托信息

接下来退出"cloudcs"，登录华为账号"cloudsc"（注意末尾是"sc"），并切换至"华北-北京四"区域查看弹性云服务器，如图 2-52 所示。在该界面，你会发现什么资源都没有，明明已经将该弹性云服务器委托给了"cloudsc"，为什么看不到呢？

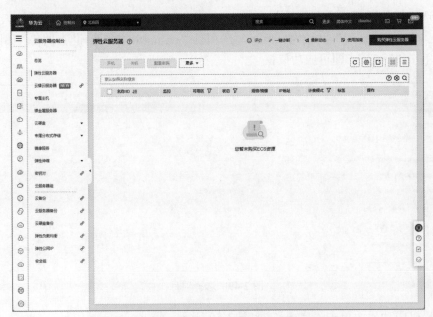

图 2-52　"华北-北京四"区域的弹性云服务器界面

这是因为没有切换角色，我们需要单击"切换角色"，如图 2-53 所示。在切换角色界面输入账号"cloudcs"，系统会根据账号自动显示委托名称，最后单击"确定"，如图 2-54 所示。

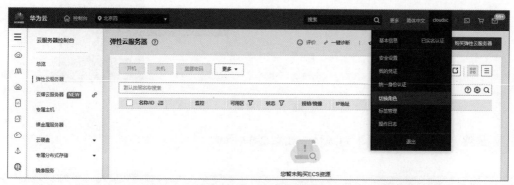

图 2-53　切换角色

图 2-54　添加账号及委托名称

虽然现在登录的华为账号为"cloudsc"，但是在当前界面右上角我们会看到，角色已经切换成了"cloudcs"，还出现了被委托的弹性云服务器"cloudcs-bj4-ecs01"，如图 2-55 所示。也就是说，在"cloudsc"账号中，通过委托授权中的切换角色就可以操作"cloudcs"账号中的弹性云服务器了。

图 2-55　被委托的弹性云服务器

我们也可以单击"用户名"，通过"切换角色"切换回登录的华为账号"cloudsc"，如图 2-56 所示。

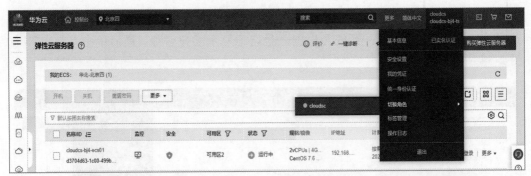

图 2-56   通过"切换角色"切换账号

最终，系统切换回原华为账号，如图 2-57 所示。

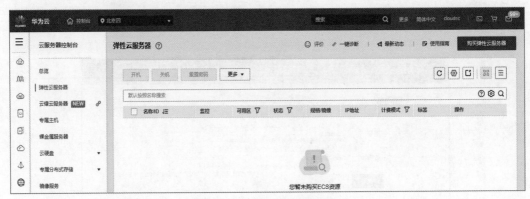

图 2-57   切换回原华为账号

步骤 4　删除委托

删除委托后，角色会被自动清除。使用华为账号"cloudcs"登录华为云，在统一身份认证服务界面左边菜单栏中选择"委托"，勾选对应委托"cloudcs-bj4-ts"，单击"删除"，在提示界面中选择"是"，如图 2-58 所示。

图 2-58   删除委托

删除委托后，登录华为账号"cloudsc"，再次单击"切换角色"，我们会发现委托的权限角色已经没有了，如图 2-59 所示。

图 2-59　无角色切换

2.2.6　企业项目的创建

1. 区域项目与企业项目

前面介绍了区域项目,从业务架构角度来说,它是为了在同一个区域内实现不同部门、项目组或分公司的业务隔离;从物理资源角度来说,它是为了在同一个区域内实现计算资源、存储资源和网络资源的分组与隔离。

那企业项目又是什么呢?企业项目相对于区域项目而言,"格局"更大了一些,是区域项目的升级版,可以针对企业不同项目之间的资源进行分组和管理。企业项目可以包含多个区域的资源,且项目中的资源可以迁入和迁出。

也就是说,区域项目的分组和隔离级别仅限于当前某个区域,是物理上的隔离;而企业项目的分组和隔离级别可以针对多个区域进行操作,不同区域的资源可以被划分到一个企业项目中,可以被看作逻辑上的隔离,支持的业务范围更广,业务和资源的管理更加灵活。

另外,企业项目可以直接和用户绑定。划分某用户权限范围,配置企业项目对应的区域和服务资源,并指定用户所属的企业项目,就可以更加精细地管控用户及企业项目的资源使用情况。

需要注意的是,创建企业项目的前提是当前华为账号必须被认证为企业账号,如图 2-60 所示。也可以在当前账号中心,选择"实名认证",单击"升级为企业认证",如图 2-61 所示。一旦开通了企业项目管理,就不能创建新的区域项目(只能管理已有项目),而且未来区域项目将逐渐被企业项目替代,因此推荐使用更为灵活的企业项目。

图 2-60　查看账号信息

图 2-61　升级为企业认证

2. 企业项目的创建

现在假设有一个 IAM 用户及两个企业项目。IAM 用户为"cloudtest"，企业项目名称分别为"成都分公司"和"武汉分公司"。该 IAM 用户默认关联"成都分公司"企业项目，并且在默认区域"华北-北京四"创建了弹性云服务器"ecs-test"，现在该弹性云服务器使用的相关资源及费用被计入"成都分公司"企业项目。现在我们把该弹性云服务器从"成都分公司"企业项目迁移到"武汉分公司"企业项目，并将 IAM 用户追加关联到"武汉分公司"企业项目，使 IAM 用户在"武汉分公司"企业项目中可以查看弹性云服务器"ecs-test"，以此来演示企业项目相关流程的操作。具体操作如下。

步骤 1　创建用户

在统一身份认证服务界面左边菜单栏选择"用户"，并单击右上角的"创建用户"。在用户名一栏输入"cloudtest"，勾选凭证类型"密码"并输入自定义密码，其他保持默认，如图 2-62 所示。

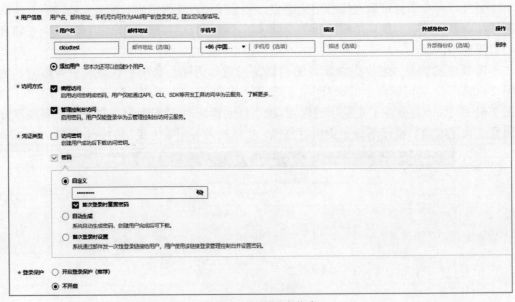

图 2-62　配置用户信息

在用户组界面，暂时不加入任何用户组，直接单击"创建用户"，如图 2-63 所示。成功创建用户后，我们可以查看用户列表，如图 2-64 所示。

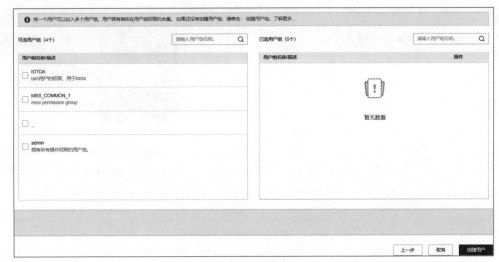

图 2-63　配置用户组

图 2-64　查看用户列表

步骤 2　创建企业项目

在统一身份认证服务界面左边菜单栏选择"项目"，在右上方提示的信息中单击"创建企业项目"，如图 2-65 所示。也可以在控制台菜单栏中选择"企业"—"项目管理"，如图 2-66 所示。

所属区域	项目	描述	状态	已使用/总配额	操作
华北-北京一	cn-north-1	--	正常	0/0	查看 | 修改
华北-北京四	cn-north-4	--	正常	0/0	查看 | 修改
华东-上海一	cn-east-3	--	正常	0/0	查看 | 修改
华东-上海二	cn-east-2	--	正常	0/0	查看 | 修改
华南-广州	cn-south-1	--	正常	0/0	查看 | 修改
西南-贵阳一	cn-southwest-2	--	正常	0/0	查看 | 修改

图 2-65　选择企业项目

图 2-66　在菜单栏中选择"项目管理"

在企业项目管理界面右上角单击"创建企业项目",如图 2-67 所示。选择项目类型"商用生产项目",填写名称"成都分公司",单击"确定",如图 2-68 所示。

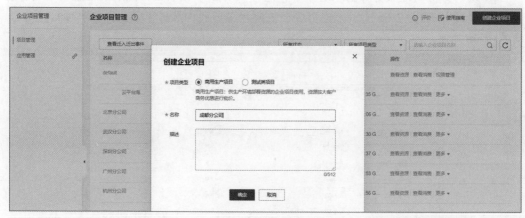

图 2-67　企业项目管理界面

图 2-68　创建企业项目

企业项目创建成功后,我们可以查看企业项目管理列表,如图 2-69 所示。

图 2-69　企业项目管理列表

创建好的企业项目，默认的资源所在区域为"华北-北京四"，服务为"弹性云服务器 ECS"，我们暂时保持默认值，如图 2-70 所示。如有需求，我们可以根据实际业务情况进行选择。

图 2-70　企业项目资源

步骤 3　对用户进行企业项目授权

根据"步骤 1"可知，在创建 IAM 用户"cloudtest"时，我们并没有让其加入任何用户组，因此 IAM 用户"cloudtest"登录后，是没有任何权限的。IAM 用户登录界面如图 2-71 所示。

图 2-71　IAM 用户登录界面

登录成功后，系统提示没有相关权限，如图 2-72 所示。

图 2-72　系统提示没有相关权限

下面对 IAM 用户进行授权。退出 IAM 用户，使用华为账号登录，在统一身份认证服务界面左侧菜单栏单击"用户"，在右侧找到"cloudtest"用户，单击"授权"，如图 2-73 所示。

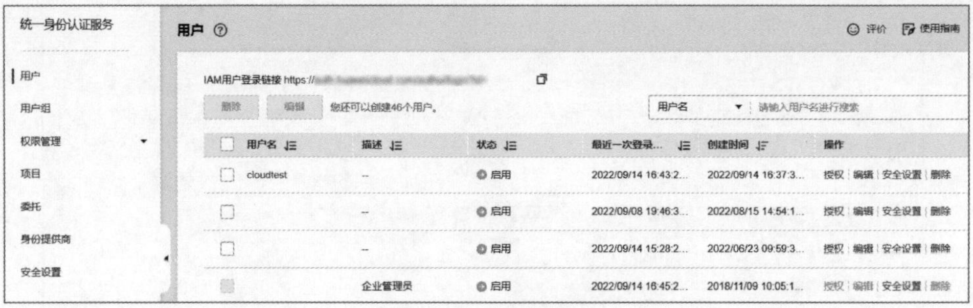

图 2-73　用户列表

在授权界面选择"直接给用户授权（适用于企业项目授权）"的授权方式，因为用户没有加入任何用户组，所以无法选择"继承所选用户组的策略"。勾选"ECS FullAccess"和"VPC FullAccess"策略，让用户对弹性云服务器及虚拟私有云拥有所有的权限，如图 2-74 所示，然后单击"下一步"。

图 2-74　选择授权方式及策略

设置授权范围方案，在指定企业项目资源下勾选"成都分公司"，表示 IAM 用户未来所有资源都被归结到"成都分公司"进行核算，如图 2-75 所示，最后单击"确定"。

图 2-75　设置授权范围方案

在授权成功界面单击"完成"，如图 2-76 所示。

图 2-76　授权成功界面

步骤 4　创建弹性云服务器并使用 IAM 用户登录查看

使用当前华为账号创建弹性云服务器，名称为"ecs-test"。需要注意的是，选择企业项目"成都分公司"，单击"立即购买"即可购买，如图 2-77 所示。

图 2-77　创建弹性云服务器

创建的弹性云服务器"ecs-test"，对应在"华北-北京四"区域，弹性云服务器列表显示"成都分公司"，如图 2-78 所示。

图 2-78　弹性云服务器列表

接下来登录 IAM 用户"cloudtest"，输入华为账号和 IAM 用户账号，并输入 IAM 用户账号的密码，单击"登录"，如图 2-79 所示。

图 2-79　登录 IAM 用户

登录成功后，我们可以看到在"华北-北京四"区域下有创建的弹性云服务器"ecs-test"，并且企业项目一栏显示"成都分公司"，如图 2-80 所示。这样，IAM 用户"cloudtest"在"华北-北京四"区域下使用的所有云资源，在逻辑层面都将被归结到"成都分公司"进行统一管理。

图 2-80　IAM 用户下的弹性云服务器

3. 企业项目资源迁移

如果企业项目资源发生了变更，或者使用云资源时选错对应的企业项目，那么可以对云资源进行跨企业项目（跨分公司）迁移。例如，现在需要将弹性云服务器"ecs-test"从企业项目"成都分公司"迁移到"武汉分公司"，使该弹性云服务器的云资源被纳入"武汉分公司"管理。这时可以在企业项目中使用资源的"迁入"或"迁出"功能。

企业项目资源迁移的具体步骤如下。

步骤 1　确定企业项目具体资源

首先，使用华为账号登录。在企业项目管理界面分别查看两个企业项目当前默认所属的区域，并查看成都分公司资源，如图 2-81 所示。

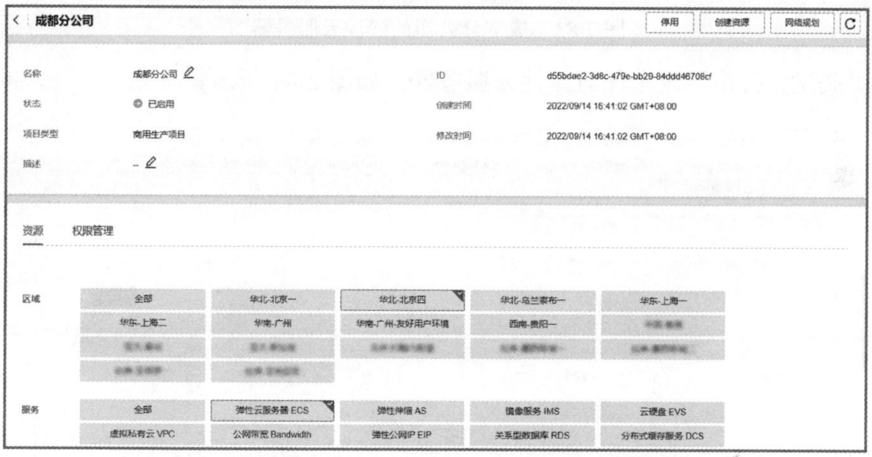

图 2-81　查看成都分公司资源

查看武汉分公司资源，如图 2-82 所示。两个企业项目对应的默认区域都是"华北-北京四"。

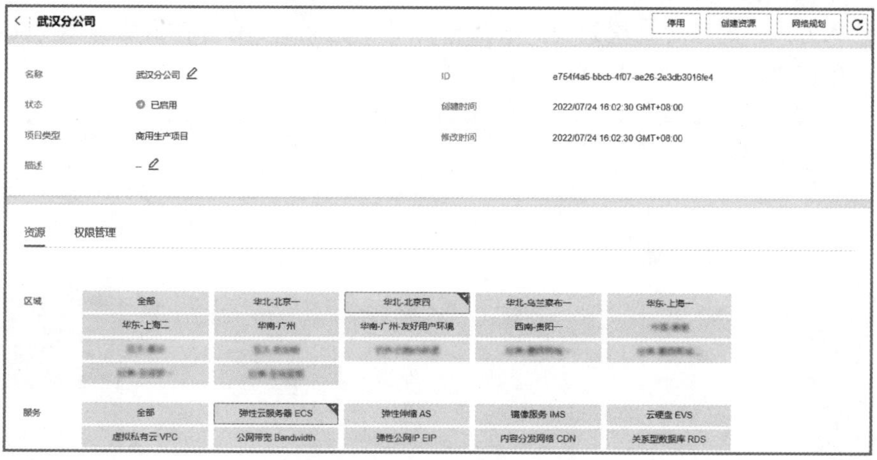

图 2-82　查看武汉分公司资源

再来分别查看企业项目"成都分公司"及"武汉分公司"对应的弹性云服务器。企业项目"成都分公司"下面有弹性云服务器"ecs-test"，如图 2-83 所示。

图 2-83　成都分公司的弹性云服务器

而"武汉分公司"没有任何弹性云服务器，如图 2-84 所示。

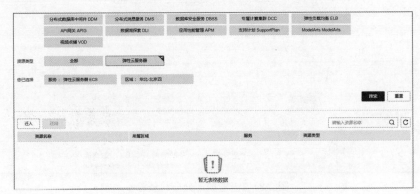

图 2-84　武汉分公司没有弹性云服务器

步骤 2　迁入资源

在"武汉分公司"企业项目中，单击"迁入"，在迁入资源界面中选择"单资源迁入"的迁入方式，通过查询检索到"成都分公司"企业项目有弹性云服务器"ecs-test"，勾选它，单击"确定"，如图 2-85 所示。

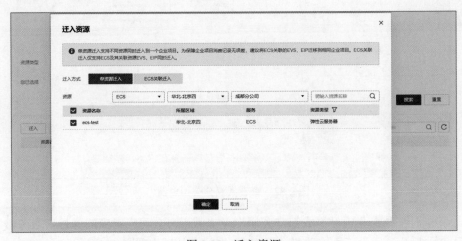

图 2-85　迁入资源

迁入成功后，弹性云服务器"ecs-test"被迁移到企业项目"武汉分公司"下，如图 2-86 所示。

图 2-86　迁入资源后的武汉分公司弹性云服务器

步骤 3　修改 IAM 用户企业项目权限

弹性云服务器被成功迁入企业项目"武汉分公司"后，IAM 用户"cloudtest"登录后，还是无法看到该弹性云服务器，为什么呢？这是因为"cloudtest"用户在针对企业项目授权时，只授权了"成都分公司"，没有授权"武汉分公司"。而该弹性云服务器现在已经从"成都分公司"迁移到了"武汉分公司"，因此，登录后无法查看该弹性云服务器"ecs-test"。接下来为"cloudtest"用户增加企业项目"武汉分公司"的管理权限。

在当前企业项目"武汉分公司"界面单击标签"权限管理"，单击"用户授权"，如图 2-87 所示；也可以直接单击用户名，选择统一身份认证服务，跳转至统一身份认证服务界面。

图 2-87　权限管理

在用户列表中，选择"cloudtest"，并单击"授权"，如图 2-88 所示。

图 2-88　IAM 用户列表

选择"直接给用户授权（适用于企业项目授权）"的授权方式，勾选"ECS FullAccess"及"VPC FullAccess"策略，单击"下一步"，如图 2-89 所示。

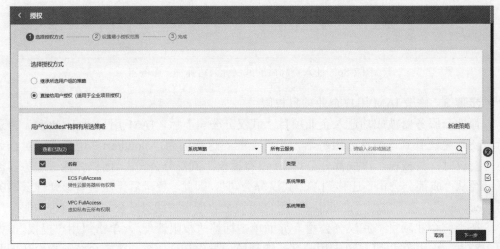

图 2-89　选择授权方式及策略

在选择授权范围方案界面，勾选"指定企业项目资源""武汉分公司"，单击"确定"，如图 2-90 所示。

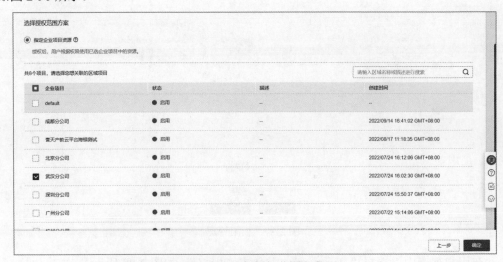

图 2-90　选择授权范围方案

在授权成功界面单击"完成"，如图 2-91 所示。

图 2-91 授权成功界面

授权成功后，在用户"cloudtest"的权限记录中，选择"企业项目视图"，可以看到该用户对应的企业项目及相应权限，如图 2-92 所示。这就表明 IAM 用户"cloudtest"可以对企业项目"成都分公司"和"武汉分公司"所属的弹性云服务器及虚拟私有云具备所有权限。

图 2-92 用户权限记录

步骤 4 登录 IAM 用户查看资源

退出当前华为账号，使用 IAM 用户"cloudtest"进行登录，可以在"华北-北京四"区域下看到从企业项目"成都分公司"迁移过来的弹性云服务器"ecs-test"，且企业项目一栏显示"武汉分公司"，如图 2-93 所示。这样，IAM 用户"cloudtest"在"华北-北京四"区域下使用的所有云资源，在逻辑层面都将被归结到"武汉分公司"进行统一的管理。

图 2-93 IAM 用户的弹性云服务器

第3章
计算云服务

本章主要内容

　　计算资源是整个企业业务系统所需的重要资源，没有计算资源，企业业务就无法正常运行。在云计算时代，计算服务是云服务中的第一大类服务，由此可见计算资源的重要性。本章将带领大家了解华为云上的计算服务。

3.1　弹性云服务器

3.1.1　弹性云服务器简介

　　弹性云服务器是由 CPU、内存、操作系统、云硬盘组成的计算组件。成功创建弹性云服务器后，用户可以像使用自己的本地计算机或物理服务器一样，在云上使用弹性云服务器。

　　大家可能会有疑问，为什么要选择弹性云服务器？它存在的意义是什么？我们不妨回顾一下传统业务上线的大致流程：从项目立项、需求调研，到硬件采购、软件开发及测试，再到环境搭建、业务上线、正式运营。项目大小不同，花费时间从几个月到几年不等，其中硬件采购及环境搭建在整个项目中是非常耗时耗力的。而且项目上线后，硬件检修、网络维护、系统运维、电力系统规划等都要投入大量的人力、物力和财力，增加成本。

　　这时我们可以选择在华为云上依靠弹性云服务器快速构建一整套基础业务环境，耗时可以缩短至分钟级。用户可以自助完成弹性云服务器的开通，只需要指定 CPU、内存、操作系统、登录鉴权方式，就能根据实际业务需求随时调整弹性云服务器的规格。接下来，我们尝试在华为云上创建弹性云服务器。

3.1.2　弹性云服务器的创建

　　使用华为账号登录华为云，当前华为账号的默认所属区域为"华北-北京四"，如图 3-1 所示。

图 3-1　华为云界面

　　1.　创建 Linux 版本弹性云服务器

　　不管是创建 Linux 版本还是 Windows 版本，创建弹性云服务器的流程都一样，只是选择的镜像不同。创建 Linux 版本弹性云服务器的步骤如下。

步骤 1　配置弹性云服务器

在云服务器控制台界面中，单击"弹性云服务器"，接着单击右上角的"购买弹性云服务器"，如图 3-2 所示。

图 3-2　购买弹性云服务器

默认选择"华北-北京四"区域，我们可根据实际业务所在区域进行选择，华为云上区域的选择建议按照"就近原则"，这样可以保证业务网络的最低时延，从而提升整体业务的网络性能。

选择"按需计费"的计费模式。计费模式分为 3 种：包年/包月、按需计费和竞价计费。其中包年/包月按照订单周期进行计费，整体费用相对较低，适合长期稳定的业务。按需计费模式是先使用后付费，按照实际使用时长进行结算，适合业务有波动的场景，可以随时开通或删除。竞价计费也是先使用后付费，它会根据当前市场价格来计费，可以设置购买价格上限，但不作为计费依据，仅代表用户的购买意愿，用户出价越高，系统保留资源的机会越大。如果市场价格高于给出的价格上限，竞价实例资源将被中断回收，这种计费模式不适合生产业务环境，可作为测试和临时环境使用。

选择"随机分配"可用区，如图 3-3 所示。可用区可以被看作一个数据中心下的不同机房，每个可用区的网络系统和电力系统都是相对独立的，一个区域中的不同可用区之间的内网是互通的。如果当前业务需要较高的容灾能力，建议用户将资源部署在同一个区域中的不同可用区内；如果业务要求实例之间的网络时延较低，建议用户将资源部署在同一个区域中的同一个可用区内。

图 3-3　可用区的选择

　　根据业务实际需要，我们可以选择对应的 CPU 架构及规格，如图 3-4 所示。

图 3-4　CPU 架构及规格的选择

　　选择"公共镜像"，并在公共镜像下选择"CentOS"，选择"CentOS 7.6 64 bit（40 GB）"版本。华为云公共镜像提供了 CentOS、Ubuntu、EulerOS、Debian、Windows 等各个版本的镜像文件，用户可以根据实际场景进行选择。选择镜像后，系统会自动更新系统盘及配置费用，用户也可根据实际业务需求增加系统盘。最后单击"下一步：网络配置"，如图 3-5 所示。

图 3-5　镜像的选择

步骤 2　弹性云服务器的网络配置

华为云会在每个账号中自动创建默认的 VPC（虚拟私有云）及其子网。选择默认的"vpc-default（192.168.0.0/16）""subnet-default（192.168.0.0/24）""自动分配 IP 地址"网络，如图 3-6 所示。

图 3-6　网络配置

　　选择系统默认的"Sys-WebServer"安全组，如图 3-7 所示。该安全组已放行 22 端口（用于 Linux SSH 登录）、3389 端口（用于 Windows 远程登录）和 ICMP（用于执行

ping 操作）。因环境差异，如果没有该安全组，用户可以自行创建，并放行对应端口。

图 3-7　安全组的配置

是否购买"弹性公网 IP"，是由该弹性云服务器被创建后，是否有外网互通的需求决定的。如果该弹性云服务器仅进行内网互通，那么这里选择"暂不购买"。当然，用户后期也可以单独购买弹性公网 IP（EIP），并进行主机绑定以实现外网互通。此处我们选择"现在购买"，选择"按流量计费"，单击"下一步：高级配置"，如图 3-8 所示。

图 3-8　购买弹性公网 IP

步骤 3　弹性云服务器的高级配置

自定义云服务器名称为"ecs-linux"，选择"密码"登录凭证，并输入默认 root 用户密码。选择"暂不购买"云备份，默认免费开启详细监控，单击"下一步：确认配置"，如图 3-9 所示。

图 3-9　弹性云服务器的高级配置

　　检查配置及购买数量，确认无误后，勾选协议"我已经阅读并同意《镜像免责声明》"，单击"立即购买"，如图 3-10 所示。

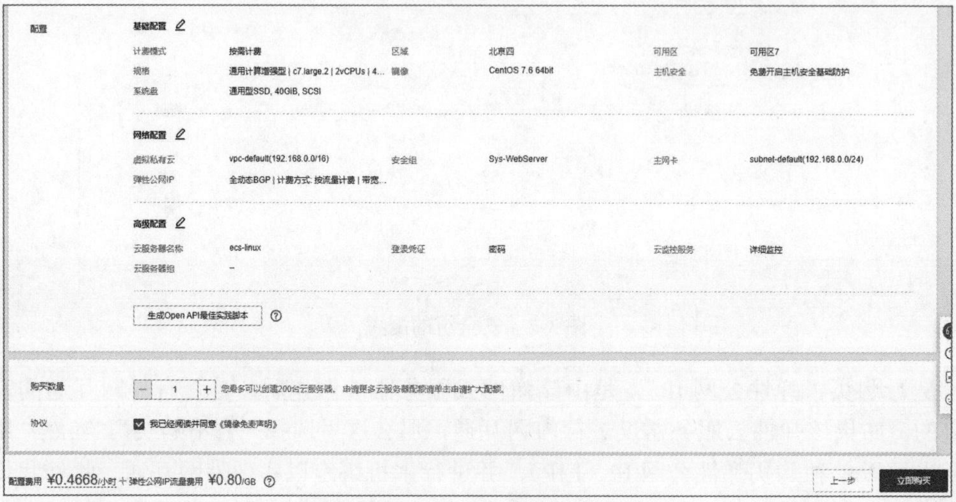

图 3-10　确认购买

　　创建成功后，单击"返回云服务器列表"，如图 3-11 所示。可在"华北-北京四"区域内看到弹性云服务器"ecs-linux"，如图 3-12 所示。

图 3-11　创建成功

图 3-12　弹性云服务器列表

　　至此，Linux 版本的弹性云服务器创建完成。

2. 创建 Windows 版本弹性云服务器

　　Windows 版本弹性云服务器的创建流程和 Linux 版本弹性云服务器的创建流程一致，仅仅是镜像不同，因此创建过程中的内容说明将不再赘述。创建 Windows 版本弹性云服务器的步骤如下。

步骤 1　配置弹性云服务器

在弹性云服务器列表界面，单击右上角的"购买弹性云服务器"，如图 3-13 所示。

图 3-13　购买弹性云服务器

选择"华北–北京四"区域，计费模式为"按需计费"，其他保持默认，如图 3-14 所示。注意：如果创建 Windows ECS，建议规格最低为"2vCPUs 4GiB"。

图 3-14　区域及计费模式的选择

选择"公共镜像"标签中的"Windows"，用户可根据实际情况选择版本，单击"下一步：网络配置"，如图 3-15 所示。需要注意的是，虽然是公共镜像，但非自营镜像来自市场镜像，也就是该镜像是由第三方提供的。

图 3-15　镜像的选择

步骤 2   弹性云服务器的网络配置

选择默认的"vpc-default（192.168.0.0/16）""subnet-default（192.168.0.0/24）"网络，以及"Sys-WebServer"安全组，如图 3-16 所示。

图 3-16   网络及安全组的选择

选择"现在购买"，其他保持默认，单击"下一步：高级配置"，如图 3-17 所示。

图 3-17   购买弹性公网 IP

输入云服务器名称"ecs-windows"及密码，单击"下一步：确认配置"，如图 3-18 所示。

图 3-18   输入云服务器名称及密码

检查配置及购买数量，确认无误后，勾选协议"我已经阅读并同意《镜像免责声明》……"，单击"立即购买"，如图 3-19 所示。

图 3-19 确认购买

购买成功后，返回云服务器列表查看弹性云服务器，如图 3-20 所示。

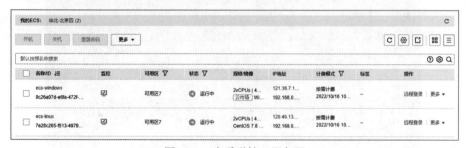

图 3-20 查看弹性云服务器

至此，Windows 版本弹性云服务器创建完成。

3.1.3 弹性云服务器的登录

弹性云服务器的登录方法有很多种，用户可以根据不同的情况选择不同的登录方式。本小节将分别针对 Linux 和 Windows 的登录方法进行一一说明。

1. 登录 Linux 版本弹性云服务器

可以使用 CloudShell、VNC 及 SSH 方式登录 Linux 版本弹性云服务器，其中通过 SSH 方式连接的弹性云服务器必须绑定弹性公网 IP。

（1）方法一：CloudShell

在弹性云服务器列表界面中，单击"ecs-linux"后面的"远程登录"，如图 3-21 所示。

图 3-21 远程登录

在弹出的界面中单击"CloudShell 登录",如图 3-22 所示。

图 3-22　CloudShell 登录

在 CloudShell 登录界面中,可选择通过私网或公网连接云服务器,然后输入 root 用户的密码,并单击"连接",如图 3-23 所示。注意:通过 CloudShell 连接,弹性云服务器对应的安全组需要放行 22 端口。

图 3-23　连接 Linux 版本弹性云服务器

连接成功后,系统将显示 CloudShell 终端界面,如图 3-24 所示。

图 3-24　CloudShell 终端界面

(2)方法二:VNC

在弹性云服务器列表界面中,单击"ecs-linux"后面的"远程登录"。在弹出的界面中选择"使用控制台提供的 VNC 方式登录",单击"立即登录",如图 3-25 所示。

图 3-25　使用控制台提供的 VNC 方式登录

在 VNC 终端界面中输入用户名"root"和对应密码，按"Enter"键即可连接成功，如图 3-26 所示。

图 3-26　VNC 终端界面

（3）方法三：SSH

如果本地主机为 Windows 操作系统，那么可以选择支持 SSH 协议连接的第三方工具进行连接，例如 PuTTY 或 Xshell 等。输入待登录的弹性云服务器的弹性公网 IP 和用户名进行登录，用户名默认为 root。

注意：使用 SSH 方式登录的弹性云服务器，必须已绑定弹性公网 IP，且所在安全组入方向已放行 22 端口，如图 3-27 所示。

输入弹性云服务器的弹性公网 IP，单击"Open"。在弹出的安全提示界面中，单击"Accept"，如图 3-28 所示，即可进入登录界面。

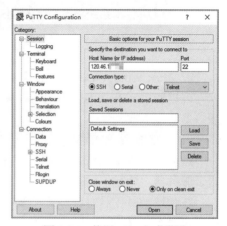

图 3-27　使用 SSH 方式登录

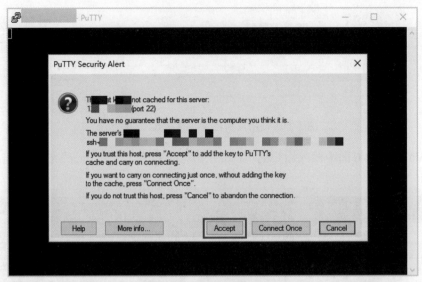

图 3-28　安全提示界面

输入用户账号 root 及密码，按"Enter"键进入 SSH 终端界面，如图 3-29 所示。

图 3-29　SSH 终端界面

2. 登录 Windows 版本弹性云服务器

可以使用 RDP 文件、本地远程桌面连接工具及 VNC 方式登录 Windows 版本弹性云服务器。

（1）方法一：RDP 文件

远程桌面协议（RDP）是微软提供的多通道的远程登录协议。一个 RDP 文件对应一台云服务器，运行下载的 RDP 文件可以登录对应的云服务器。

在弹性云服务器列表界面，选择"ecs-windows"，单击"远程登录"。在弹出的界面中单击"下载 RDP 文件"，如图 3-30 所示。注意：通过 RDP 文件方式登录的弹性云服务器，必须已绑定弹性公网 IP，且所在安全组入方向已放行 3389 端口。

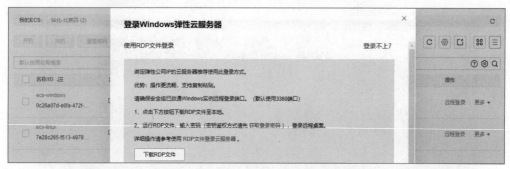

图 3-30　下载 RDP 文件

运行下载好的 RDP 文件，单击"连接"，如图 3-31 所示。输入 Administrator 的密码，单击"确定"，如图 3-32 所示。

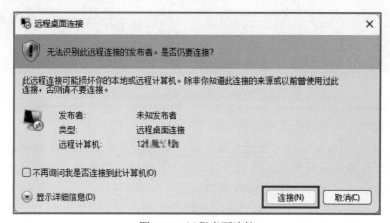

图 3-31　远程桌面连接

图 3-32　输入密码

最后，通过 RDP 文件登录 Windows 弹性云服务器，如图 3-33 所示。

图 3-33　通过 RDP 文件登录 Windows 弹性云服务器

（2）方法二：本地远程桌面连接工具

如果本地主机为 Windows 操作系统，那么也可以使用 Windows 自带的本地远程桌面连接工具登录弹性云服务器。使用该方式登录的弹性云服务器，必须已绑定弹性公网 IP，且所在安全组入方向已放行 3389 端口。

打开本地远程桌面连接，输入待登录的弹性云服务器的弹性公网 IP，然后单击"连接"。用户名默认显示"Administrator"，如图 3-34 所示。

在 Windows 安全中心界面输入密码，单击"确定"登录，如图 3-35 所示。

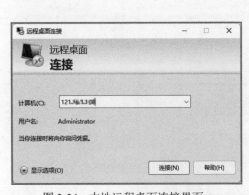

图 3-34　本地远程桌面连接界面

图 3-35　输入管理员密码

通过本地远程桌面连接工具登录 Windows 弹性云服务器，如图 3-36 所示。

图 3-36　通过远程桌面连接工具登录 Windows 弹性云服务器

（3）方法三：VNC

在弹性云服务器列表界面，选择"ecs-windows"，单击"远程登录"。在弹出的界面中选择"使用控制台提供的 VNC 方式登录"，单击"立即登录"，如图 3-37 所示。

图 3-37　使用控制台提出的 VNC 方式登录

单击登录界面上方的"Ctrl+Alt+Del"进行解锁，如图 3-38 所示。

图 3-38　解锁

输入密码后，进入桌面，如图 3-39 所示。

图 3-39　进入桌面

3.1.4　使用弹性云服务器构建电子商城

了解了弹性云服务器的创建及登录后，接下来我们使用弹性云服务器快速构建一家电子商城。这次部署需要用到市场镜像，市场镜像提供预装操作系统、应用环境和各类软件的优质第三方镜像。我们可以一键部署镜像，满足业务快速部署上线的需求。使用弹性云服务器构建电子商城的步骤如下。

步骤 1　申请弹性云服务器

在弹性云服务器列表界面，单击右上角的"购买弹性云服务器"，如图 3-40 所示。

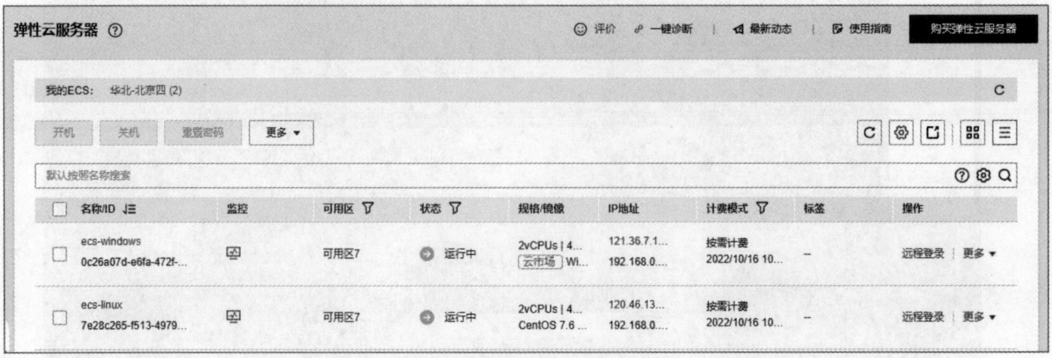

图 3-40　购买弹性云服务器

选择默认区域"华北-北京四"，计费模式为"按需计费"，实例规格为"2vCPUs 4GiB"，如图 3-41 所示。

选择"市场镜像"，然后单击"请选择镜像"，如图 3-42 所示。

图 3-41　区域及实例规格的选择

图 3-42　市场镜像

在弹出的界面中，单击左边菜单栏的"网站建设"，在右边镜像列表中选择"规格：Prestashop_1_7_6_3"，并单击"确定"，如图 3-43 所示。

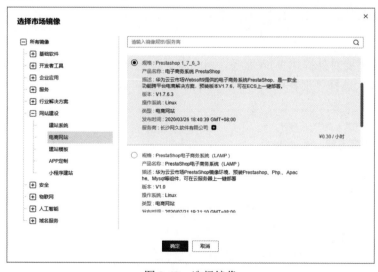

图 3-43　选择镜像

单击"下一步：网络配置"，如图 3-44 所示。

选择默认的"vpc-default（192.168.0.0/16）""subnet-default（192.168.0.0/24）""自动分配 IP 地址"网络，安全组为系统默认的"Sys-WebServer"，如图 3-45 所示。因环境差

异，如果没有该安全组，用户可以自行创建，并放行对应端口。

图 3-44　使用镜像

图 3-45　选择网络及安全组

商城未来需要对外提供 Web 服务，因此需要连通外部网络，该弹性云服务器必须绑定弹性公网 IP。选择"现在购买"，并单击"下一步：高级配置"，如图 3-46 所示。

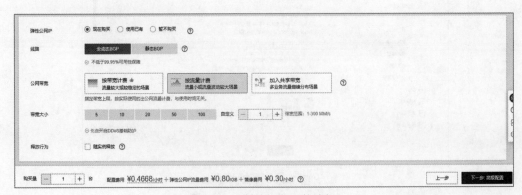

图 3-46　弹性公网 IP 的选择

填写云服务器名称"ecs-store"，因为该商城镜像底层是 Linux 操作系统，所以需要输入 root 用户的密码，并单击"下一步：确认配置"，如图 3-47 所示。

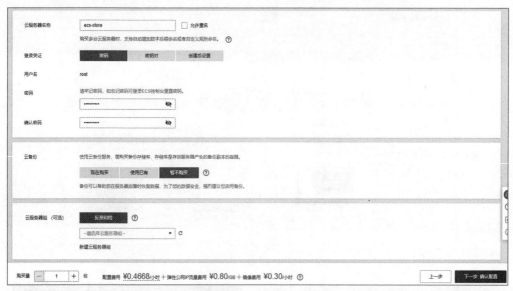

图 3-47 填写名称及密码

检查配置及购买数量，确认无误后，勾选协议"我已经阅读并同意《镜像免责声明》……"，单击"立即购买"，如图 3-48 所示。

图 3-48 确认购买

步骤 2 安装并访问商城

将镜像部署到云服务器后，通过本地浏览器输入弹性公网 IP 地址，访问 PrestaShop 商城入口界面，若无法访问，请检查弹性云服务器所对应的安全组端口 80 是否放行。商城配置界面如图 3-49 所示。

在安装部署商城时，需要用到后端 MySQL 数据库的账号和密码，因此要先获取 MySQL 数据库的账号和密码。密码是初装镜像时随机生成的，具有较高的安全性，被存放在云服务器/credentials/password.txt 文件中。

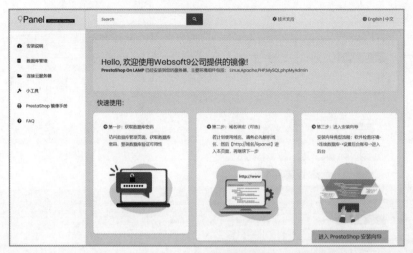

图 3-49　商城配置界面

登录弹性云服务器后，使用"cat
/credentials/password.txt"命令显示数据库
的账号和密码，如图 3-50 所示。

获取数据库的账号和密码后，返回商
城配置界面，单击"进入 PrestaShop 安装
向导"，进行初始化。待初始化完毕，进入
配置助手界面，安装语言选择"简体字"，
并单击"Next"，如图 3-51 所示。

在许可协议界面中，勾选"我同意上述
条款和条件。"，单击"下一个"，如图 3-52
所示。

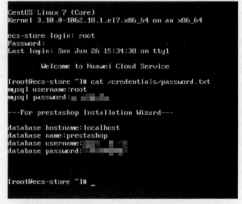

图 3-50　显示数据库的账号和密码

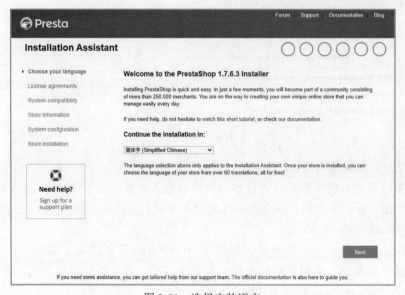

图 3-51　选择安装语言

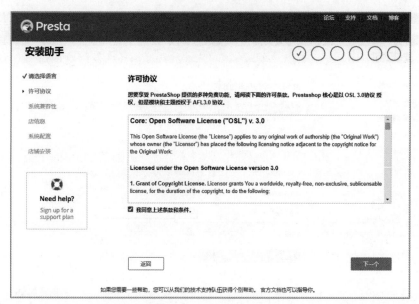

图 3-52　许可协议界面

维护店铺信息，填写商店名称（如"**HuaweiStore**"）、名、姓、电邮地址及店铺密码，单击"**下一个**"，如图 3-53 所示。

图 3-53　维护店铺信息

配置数据库，输入数据库服务器地址、名称、登录名及密码，单击"**下一个**"，如图 3-54 所示。

图 3-54 配置数据库

系统显示"安装已结束!",表示安装完成,如图 3-55 所示。此时,电商网站搭建完毕。

图 3-55 安装完成

最后,在本地浏览器中输入弹性公网 IP,便可直接访问电商网站首页,如图 3-56 所示。后续可通过申请及绑定域名,使用域名登录网站。

图 3-56　电商网站首页

3.2　CCE

3.2.1　CCE 简介

云容器引擎（CCE）是基于业界主流的 Docker 和 Kubernetes 开源技术构建的容器服务，可以提供高性能可扩展的容器服务，完全兼容 Docker 和 Kubernetes 社区原生版本。通过该服务，用户可以快速构建高可靠的容器集群，满足企业在构建容器云方面的各种需求。

传统业务如果涉及容器化改造，那么需要在服务器上安装容器、配置集群及管理镜像，很麻烦。这时就可以使用 CCE 服务通过 Web 界面一键创建 Kubernetes 集群，一站式自动化部署和运维容器应用。

同时 CCE 基于华为在计算、网络、存储、异构等方面多年的行业技术积累，具备业界领先的高性能。CCE 集群支持 3 Master HA 高可用，为生产环境提供高稳定性，实现业务系统零中断。

3.2.2　CCE 集群的创建及使用

1. 创建 CCE 集群

为了体现 CCE 简单易用的特点，我们需要创建 CCE 集群及工作负载。CCE 集群的创建步骤如下。

步骤 1　配置集群

在华为公有云服务列表中选择"云容器引擎 CCE"。在云容器引擎界面，选择"CCE集群"并单击"创建"，如图 3-57 所示。

图 3-57　创建 CCE 集群

（1）选择计费模式和区域

计费模式包括包年/包月和按需计费两种；不同区域的云服务产品之间内网互不相通，用户请就近选择区域，以减少网络时延，提高访问速度。选择计费模式和区域的界面如图 3-58 所示。

图 3-58　选择计费模式和区域的界面

（2）配置集群

输入集群名称，选择对应版本、集群管理规模及控制节点数，如图 3-59 所示。

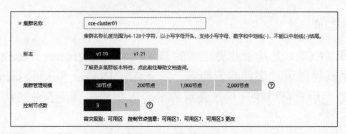

图 3-59　配置集群

（3）配置网络

选择虚拟私有云、所在子网、网络模型、容器网段及服务网段，如图 3-60 所示。注意：容器网段不可以和所在子网网段相同。

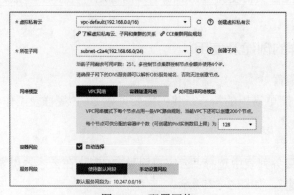

图 3-60　配置网络

步骤 2　创建节点

（1）选择当前区域与可用区

选择"按需计费"计费模式，当前区域为"华北-北京四"，可用区为"可用区 1"，如图 3-61 所示。

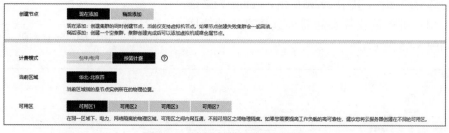

图 3-61　选择当前区域与可用区

（2）选择节点规格和操作系统

输入节点名称，选择节点规格和操作系统，如图 3-62 所示。

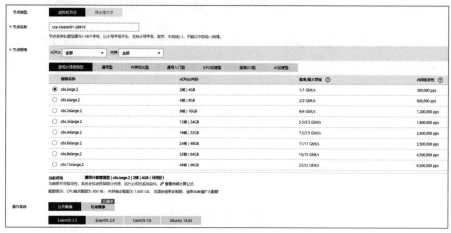

图 3-62　选择节点规格和操作系统

（3）选择网络

选择所在子网、弹性 IP、计费模式和带宽大小，如图 3-63 所示。

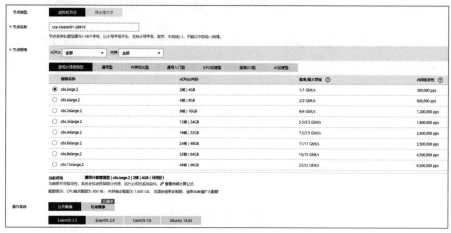

图 3-63　选择网络

（4）设置密码

选择登录方式，设置密码，默认用户名为 root，如图 3-64 所示。

步骤 3 安装插件并确认配置

勾选对应插件，其中 everest 和 coredns 为必选组件，用户可根据业务实际需求选择高级功能插件，如图 3-65 所示。

图 3-64　设置密码

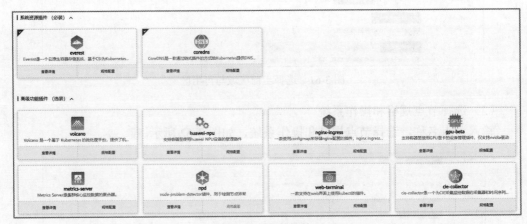

图 3-65　安装插件

检查产品详情相关配置，确认无误后，单击"提交"，开始创建集群。创建成功界面如图 3-66 所示。

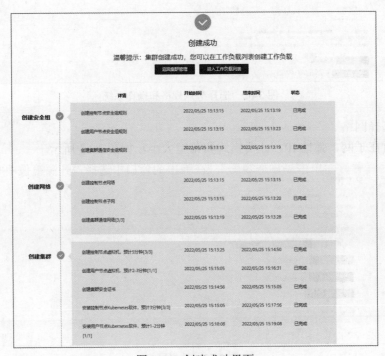

图 3-66　创建成功界面

2. 创建容器工作负载

创建容器工作负载的步骤如下。

步骤 1　填写工作负载基本信息

进入集群控制台，在左侧菜单栏选择"无状态负载"，并单击右上角的"创建无状态工作负载"，如图 3-67 所示。

图 3-67　创建无状态工作负载

输入工作负载名称"nginx"，选择之前创建的集群名称，设置实例数量为"1"，如图 3-68 所示。

图 3-68　设置基本信息

步骤 2　选择容器

在容器设置界面单击"添加容器"，在弹出的窗口中选择"开源镜像中心"，并搜索"nginx"，选择 nginx 镜像，单击"确定"，如图 3-69 所示。

图 3-69　选择 nginx 镜像

步骤 3   设置工作负载访问

单击"添加服务",创建服务,以便从外部访问负载。本例将创建一个负载均衡类型的服务,如图 3-70 所示,请在弹窗中配置以下参数。

- 访问方式:选择"负载均衡"。
- 容器端口:容器中应用启动监听的端口。设置 nginx 镜像容器端口为 80,其他应用容器端口和应用的端口一致。
- 访问端口:设置为 8080,该端口号将映射到容器端口。
- 协议:TCP。

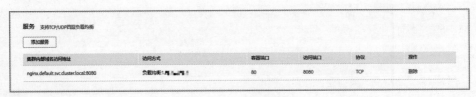

图 3-70   添加服务

步骤 4   高级设置

高级设置保持默认即可,用户也可根据实际业务情况进行调整,如图 3-71 所示。

图 3-71   高级设置

3. 访问测试

单击 nginx 工作负载名称,进入工作负载详情页。在访问方式标签下的"访问地址"中可以看到 nginx 的 IP 地址,如图 3-72 所示。

图 3-72   访问方式列表

在浏览器中输入访问地址中的"弹性公网"对应的 IP 地址，即可成功访问 nginx 应用，如图 3-73 所示。

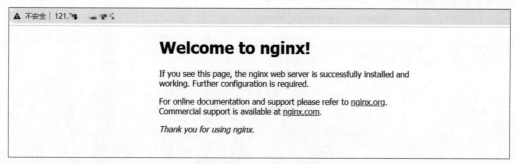

图 3-73　访问 nginx 应用

3.2.3　使用 CCE 集群构建个人博客

创建 MySQL 容器及部署 WordPress 之前，请确保当前环境已创建一个包含节点的 CCE 集群。用户需要配合 MySQL 使用 WordPress，WordPress 负责运行内容管理程序，MySQL 作为数据库存储数据。

1. 创建 MySQL 容器

创建 MySQL 容器的步骤如下。

步骤 1　设置基本信息

进入集群控制台，创建无状态工作负载。

填写工作负载名称"mysql"，集群名称可由用户自定义，命名空间为"default"，实例数量为"1"，如图 3-74 所示。

图 3-74　设置基本信息

步骤 2　设置容器

在容器设置界面单击"选择镜像"，在弹出的窗口中选择"开源镜像中心"，并搜索"mysql"，选择 mysql 镜像，如图 3-75 所示。

图 3-75　选择 mysql 镜像

选择镜像版本为 "5.7"，自定义容器名称，如图 3-76 所示。

图 3-76　选择镜像版本

设置以下环境变量，如图 3-77 所示。

- MYSQL_ROOT_PASSWORD：MySQL 的 root 用户密码。本例为 Password@123。
- MYSQL_DATABASE：镜像启动时要创建的数据库名称。本例为 HuaweiDB。
- MYSQL_USER：数据库用户名称。本例为 dbauser。
- MYSQL_PASSWORD：数据库用户密码。本例为 Password@123。

图 3-77　设置环境变量

步骤 3　工作负载访问设置

创建用于从 WordPress 访问 MySQL 的服务。设置访问类型为"集群内访问（ClusterIP）"，Service 名称为"mysql"，容器端口和访问端口都为"3306"，单击"确定"，如图 3-78 所示。

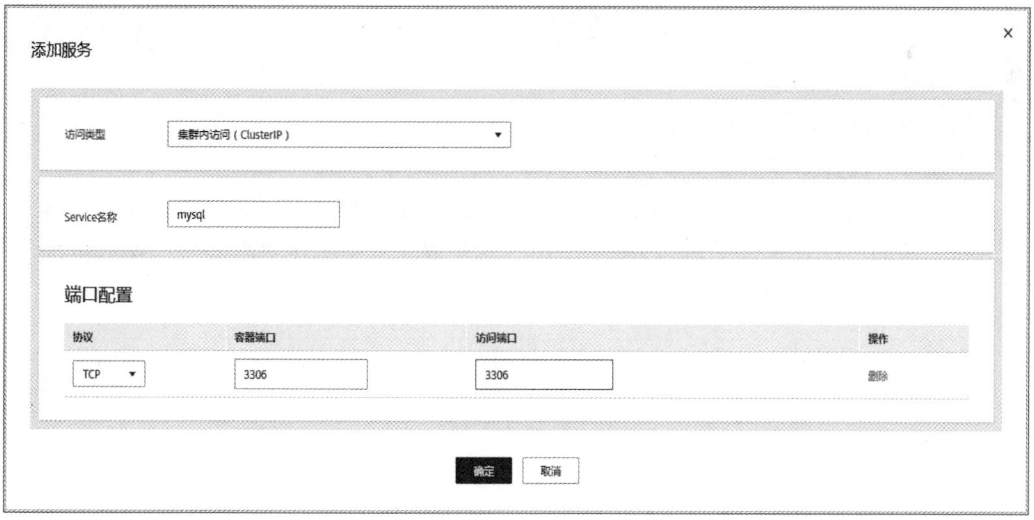

图 3-78　创建服务

mysql 镜像的默认访问端口为 3306，所以设置容器端口的 ID 为 3306。可以设置访问端口为其他，但这里设置成 3306 是为了方便使用。这样在集群内部，通过"Service 名称: 访问端口"（mysql:3306）就可以访问 MySQL 负载了。

步骤 4　高级设置

高级设置保持默认即可，如图 3-79 所示。单击右下角的"创建工作负载"，等待创建工作负载。

图 3-79 高级设置

创建成功后，在无状态负载界面中，会显示一个运行中的工作负载，如图 3-80 所示。

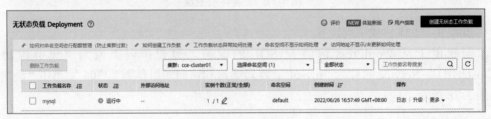

图 3-80 负载列表

2. 创建 WordPress

创建 WordPress 的步骤如下。

步骤 1 设置基本信息

登录 CCE 控制台并单击集群进入集群控制台，在左侧菜单栏选择"无状态负载"，单击右上角的"创建工作负载"，填写工作负载参数。填写工作负载名称"wordpress"，命名空间保持默认"default"，设置实例数量为"1"，如图 3-81 所示。

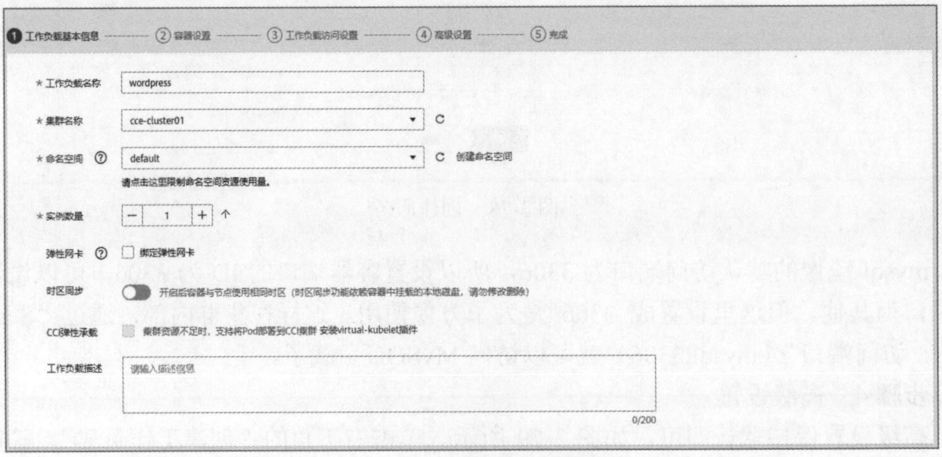

图 3-81 设置基本信息

步骤 2 设置容器

在容器设置界面中单击"选择镜像",在弹出的窗口中选择"开源镜像中心",并搜索"word",选择 wordpress 镜像,如图 3-82 所示。

图 3-82 选择镜像

选择镜像版本为"php7.3",容器名称自定义,如图 3-83 所示。

图 3-83 选择镜像版本

设置以下环境变量,如图 3-84 所示。

- WORDPRESS_DB_HOST:数据库的访问地址。在 mysql 工作负载的访问方式中可以找到该地址。可以使用集群内部域名"mysql.default.svc.cluster.local:3306"进行数据库访问,其中".default.svc.cluster.local"可以省略,即用"mysql:3306"。
- WORDPRESS_DB_USER:访问数据的用户名。此处需要与"创建 MySQL"中的 MYSQL_USER 保持一致,即用这个用户连接 MySQL。
- WORDPRESS_DB_PASSWORD:访问数据库的密码。此处需要与"创建 MySQL"

中的 MYSQL_PASSWORD 保持一致。

- WORDPRESS_DB_NAME：访问数据库的名称。此处需要与"创建 MySQL"中的 MYSQL_DATABASE 一致。

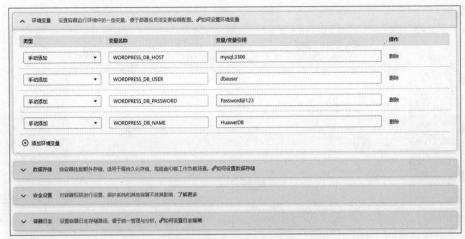

图 3-84　设置环境变量

步骤 3　设置工作负载访问

创建用于从外部访问负载的服务。本例将创建一个负载均衡类型的服务，如图 3-85 所示。配置信息如下。

- 访问类型：选择"负载均衡（LoadBalancer）"。
- Service 名称：输入应用发布的可被外部访问的名称，此处设置为"wordpress"。
- 服务亲和：保持默认。
- 负载均衡：如果已有负载均衡实例，可以直接选择；如果没有，可以创建一个。

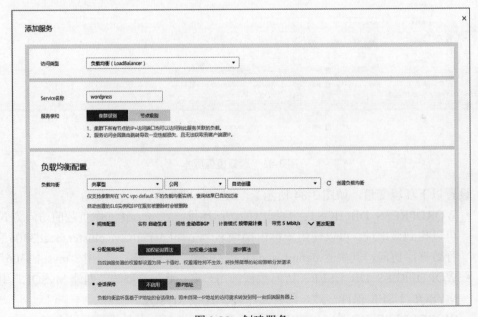

图 3-85　创建服务

在端口配置界面中，选择协议"TCP"，将容器端口设置为"80"，其他应用容器端口和应用的端口一致。设置访问端口为"80"，该端口号将映射到容器端口，如图 3-86 所示。

图 3-86　配置端口

步骤 4　高级设置

高级设置界面保持默认，如图 3-87 所示。单击右下角的"创建工作负载"，等待创建工作负载。

图 3-87　高级设置界面

创建成功后，无状态负载界面会显示一个运行中的工作负载，并展示外部访问地址，用于访问 WordPress，如图 3-88 所示。

图 3-88　负载列表

步骤 5　安装并访问 WordPress 应用

在浏览器中输入"外部访问地址"，即可成功访问 WordPress 应用。选择语言为"简体中文"，单击"继续"，如图 3-89 所示。

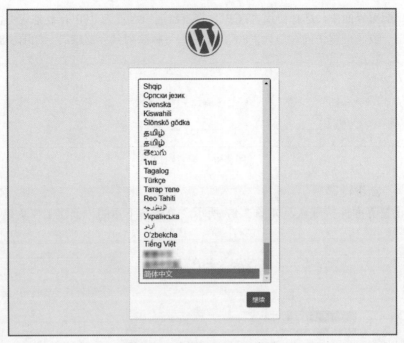

图 3-89　访问 WordPress 应用

在弹出的界面中填写基本信息，如站点标题、用户名、密码、您的电子邮箱地址，单击"安装 WordPress"，如图 3-90 所示。

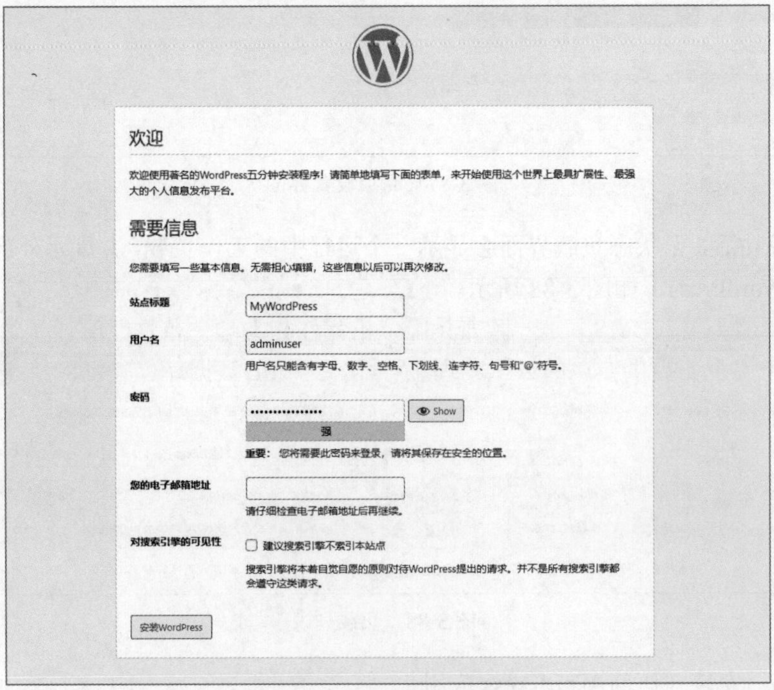

图 3-90　输入基本信息

等待安装完毕，即可登录后台进行博客维护。安装成功的界面如图 3-91 所示。

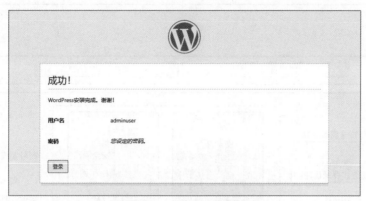

图 3-91　安装成功的界面

再次刷新外部访问地址，即可看到部署好的 WordPress 博客，如图 3-92 所示。

图 3-92　博客首页

3.3　裸金属服务器

3.3.1　裸金属服务器简介

裸金属服务器（BMS）是一款兼具虚拟机弹性和物理主机性能的计算服务器，为个人用户和相关企业提供专属的云上物理服务器，为核心数据库、关键应用系统、高性能计算、大数据分析等业务提供卓越的计算性能，并保障数据安全。用户可灵活申请、按需使用裸金属服务器。

裸金属服务器和传统物理主机在本质上都是一台物理设备，但是它们最大的区别是裸金属服务器能够将物理主机接入云平台，从而使用户自动配置和自服务购买，而传统物理主机只能通过人工手动配置和进行线下采购。

裸金属服务器让传统物理主机具有自动发放、自动运维，支持虚拟私有云互联、对接共享存储等云的能力。裸金属服务器可以像虚拟机一样被用户灵活发放和使用，又具备优秀的计算、存储、网络能力。

裸金属服务器的购买流程和弹性云服务器一致，在此不再赘述。裸金属服务器产品架构如图 3-93 所示。

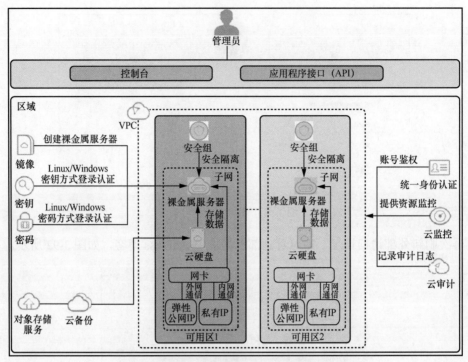

图 3-93　裸金属服务器产品架构

3.3.2　裸金属服务器的优势

裸金属服务器具有安全可靠，性能卓越，部署效率高，云服务和解决方案快速集成的优势，满足企业核心业务场景及对高性能的要求。

1. 安全可靠

裸金属服务器是用户专属的计算资源，支持虚拟私有云、安全组隔离；支持主机安全相关组件集成；基于云擎天架构的裸金属服务器支持云磁盘作为系统盘和数据盘，支持硬盘备份恢复；支持对接专属存储，满足企业数据安全和监管的诉求。

2. 性能卓越

裸金属服务器继承物理服务器特征，无虚拟化开销和性能损失，100%释放算力资源。裸金属服务器结合华为云擎天软硬协同架构，具备高带宽、低时延云存储、低时延云网络访问性能；满足企业数据库、大数据、容器、高性能计算、人工智能等关键业务部署密度和性能诉求。

3. 部署效率高

裸金属服务器基于云擎天加速硬件，支持云磁盘作为系统盘快速发放；可实现分钟级资源发放，基于统一的控制台、开放 API 和 SDK（软件开发工具包），支持自助式资源生命周期管理和运维。

4. 云服务和解决方案快速集成

裸金属服务器基于统一的虚拟私有云模型，支持公有云云服务的快速机型；帮助企业客户实现数据库、大数据、容器、高性能计算、人工智能等关键业务云化解决方案集成，并提高业务云化上线效率。

3.3.3 裸金属服务器的应用场景

1. 核心数据库

裸金属服务器提供多种规格的服务器，支持自动化挂载共享云硬盘，且具有安全高效、快速发放、支持 RAC 模式、部署灵活等特性，满足多种复杂场景的组网需求。裸金属服务器适用于核心数据库场景，满足核心数据库对性能和安全的较高要求，如图 3-94 所示。

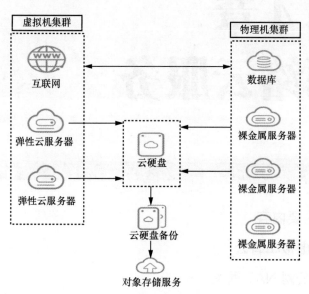

图 3-94　核心数据库场景

2. 高性能计算

裸金属服务器支持最新 CPU 的计算实例，具备 100GB 网络自动化、安全隔离、微秒级时延特性。裸金属服务器支持高性能计算场景，如图 3-95 所示。

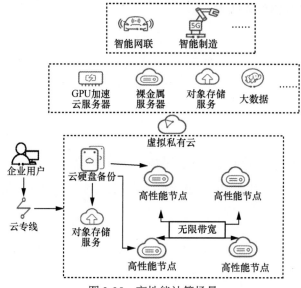

图 3-95　高性能计算场景

第 4 章
网络云服务

本章主要内容

　　随着网上的业务需求不断增加，企业网络面临系统上线时间长、运维成本高、安全风险大等诸多问题，越来越多的企业开始基于华为网络云服务发展网上业务。本章将带领大家了解和学习虚拟私有云、弹性公网 IP、网络地址转换（NAT）网关、虚拟专用网（VPN）等网络云服务相关的内容。

4.1　虚拟私有云

4.1.1　虚拟私有云简介

　　虚拟私有云可以为云服务器、云容器、云数据库等云上资源构建隔离、私密的虚拟网络环境。虚拟私有云是华为云网络的基础，基于安全隧道网络技术，在公有云上为用户建立一块逻辑隔离的虚拟网络空间。在虚拟私有云内，用户可以自由定义网段划分、IP 地址和路由策略，可提供网络 ACL（访问控制列表）及安全组的访问控制。因此，虚拟私有云有更高的灵活性和安全性，适用于对安全隔离性要求较高的业务、托管多层 Web 应用、部署弹性混合云等场景。

　　例如，当前业务环境需要针对不同的弹性云服务器规划不同的网段，以此来实现网络隔离，为此可以通过创建不同的虚拟私有云或者在一个虚拟私有云下创建不同的子网来实现该需求。而且可以通过配合安全组及网络 ACL 策略实现不同级别和粒度的网络精细化管理。下面我们创建虚拟私有云及其子网，并在创建弹性云服务器时选择该虚拟私有云及其子网，以查看效果。

4.1.2　虚拟私有云的创建及使用

　　使用华为账号登录华为云，默认所属区域为"华北-北京四"。在控制台界面选择"虚拟私有云 VPC"，在当前界面中可以看到系统创建的默认虚拟私有云及其子网，如图 4-1 所示。

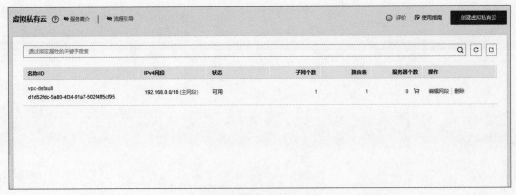

图 4-1　虚拟私有云列表

　　接下来我们在"华北-北京四"区域下创建一个新的虚拟私有云，名称为"VPC1"，子网名称为"Subnet-A"，其网段为"192.168.1.0/24"。虚拟私有云的创建及使用步骤如下。

步骤 1　配置虚拟私有云基本信息

在虚拟私有云界面，单击右上角的"创建虚拟私有云"。在基本信息界面中，默认选择"华北–北京四"区域，输入名称为"VPC1"，IPv4 网段保持默认"192.168.0.0/16"，如图 4-2 所示。

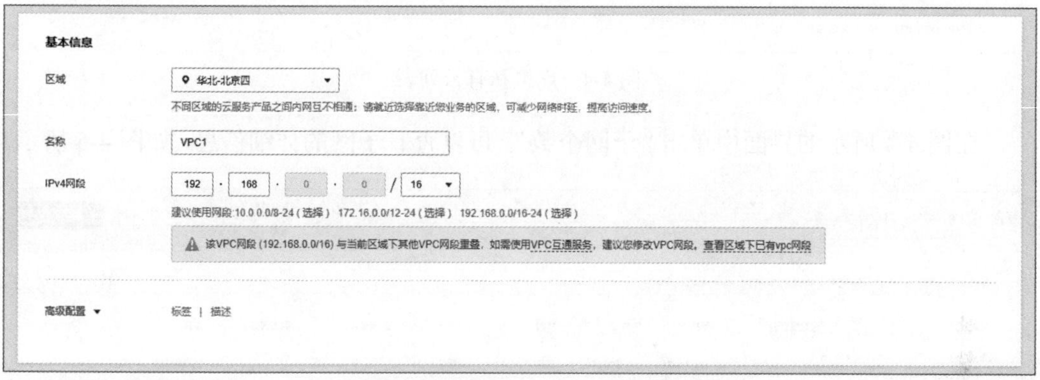

图 4-2　配置虚拟私有云基本信息

步骤 2　创建子网

在当前虚拟私有云的创建中，默认需要创建一个子网（后期也可以在虚拟私有云界面单独增加子网）。同一个虚拟私有云的所有子网内的弹性云服务器均可以进行通信。需要注意的是子网创建成功后，不支持修改网段，需提前合理规划好子网网段。根据规划，将子网名称填写为"Subnet-A"，设置子网 IPv4 网段为"192.168.1.0/24"，单击"立即创建"，如图 4-3 所示。

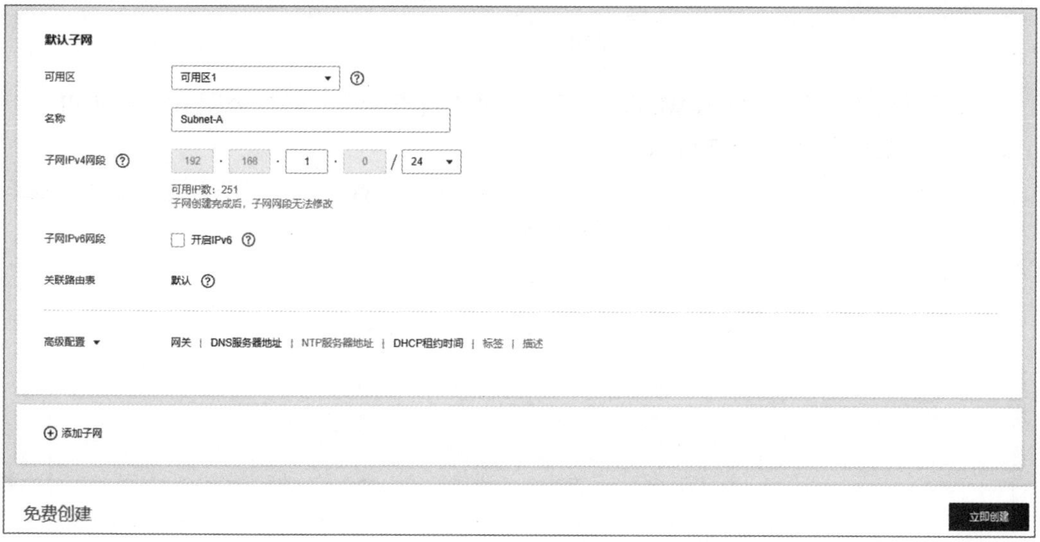

图 4-3　创建子网

创建完成后，在虚拟私有云列表中可看到新创建的虚拟私有云及其子网个数，如图 4-4 所示。

图 4-4 虚拟私有云列表

在图 4-4 所示的界面中单击"子网个数",可以查看子网的详细信息,如图 4-5 所示。

图 4-5 子网详情

步骤 3 创建弹性云服务器并使用新创建的虚拟私有云

接下来创建一台弹性云服务器,选择使用 VPC1 及对应的子网"192.168.1.0/24",如图 4-6 所示。

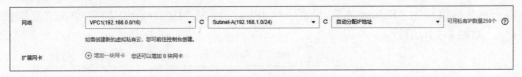

图 4-6 配置网络

选择默认的安全组"Sys-WebServer",选择"暂不购买"弹性公网 IP,并单击"下一步:高级配置",如图 4-7 所示。

图 4-7 选择安全组及弹性公网 IP

输入云服务器名称"ecs-vpc1"及 root 用户的密码，单击"下一步：确认配置"，如图 4-8 所示。

图 4-8　输入云服务器名称及 root 用户的密码

创建成功后，可在弹性云服务器列表界面查看 IP 地址。创建弹性云服务器"ecs-vpc1"时，选择了"VPC1"网络，其对应子网为"192.168.1.0/24"，因此发放的弹性云服务器私网 IP 被随机分配为"192.168.1.4"，如图 4-9 所示。

图 4-9　弹性云服务器列表

现在弹性云服务器"ecs-vpc1"就可以通过 CloudShell 或者 VNC 登录了。但是在使用的过程中，我们发现当前弹性云服务器无法连通外网，也无法通过支持 SSH 协议的第三方工具进行连接，如图 4-10 所示。这又是怎么回事呢？我们将在后文解答这个问题。

图 4-10　连通外网测试

4.1.3　弹性公网 IP

根据前文可知,创建后的弹性云服务器会根据之前选择的 VPC 及子网生成一个私网 IP 地址。因为虚拟私有云是一个逻辑隔离的虚拟网络空间,所以生成的私网 IP 仅可以在 VPC 内部通信,默认在没有绑定弹性公网 IP 的情况下是无法连通外网的。那什么是弹性公网 IP 呢?

弹性公网 IP 可以提供独立的公网 IP 资源,包括公网 IP 地址与公网出口带宽服务。用户可以将弹性公网 IP 与弹性云服务器、裸金属服务器、虚拟 IP、弹性负载均衡、NAT 网关等资源灵活地绑定及解绑。

也就是说,创建弹性公网 IP,并将其绑定给某台弹性云服务器,即可将弹性云服务器连通外网。同样,通过弹性公网 IP,用户也可以让外部环境连接弹性云服务器。而且,弹性公网 IP 是独立的,可以随时针对弹性云服务器进行绑定和解绑操作。

接下来我们创建弹性公网 IP,将它绑定给弹性云服务器"ecs-vpc1"并观察效果,步骤如下。

步骤 1　购买弹性公网 IP

在服务列表界面选择"弹性公网 IP",单击右上角的"购买弹性公网 IP"。弹性公网 IP 列表如图 4-11 所示。

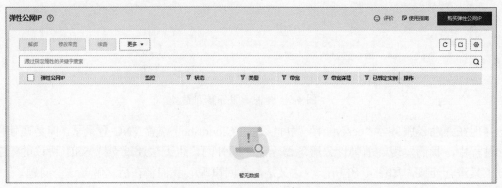

图 4-11　弹性公网 IP 列表

选择计费模式为"按需计费",区域默认为"华北-北京四",如图 4-12 所示。

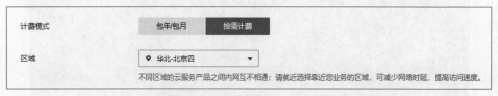

图 4-12　选择计费模式及区域

线路分为两种模式:全动态 BGP 和静态 BGP。在全动态 BGP 模式下,系统可以根据设定的寻路协议自动优化网络结构,以保证客户网络的持续稳定和高效运行。全动态 BGP 弹性公网 IP 每个服务周期的服务可用率不低于 99.95%。如果对网络要求较高,建议选择此模式。而在静态 BGP 模式下,网络结构发生变化时,系统无法实时通过自动调整网络设置来保障用户体验。静态 BGP 弹性公网 IP 每服务周期的服务可用率不低于 99%。

选择"全动态 BGP",公网带宽为"按带宽计费",带宽大小默认为"5Mbit/s",用户可以根据实际情况调整大小,如图 4-13 所示。

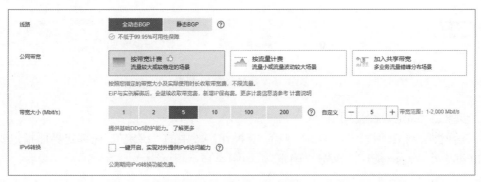

图 4-13 设置线路及带宽

输入弹性公网 IP 名称"eip01",购买量默认为"1",并单击"立即购买",如图 4-14 所示。

图 4-14 输入弹性公网 IP 名称

确认弹性公网 IP 购买信息,单击"提交",如图 4-15 所示。

图 4-15 确认信息

提交后，会显示弹性公网 IP 列表，如图 4-16 所示。

图 4-16   弹性公网 IP 列表

步骤 2   绑定弹性公网 IP

在弹性公网 IP 列表中，单击对应的 IP 操作字段中的"绑定"。在绑定界面指定要将此 IP 绑定给"ecs-vpc1"，单击"确定"，如图 4-17 所示。

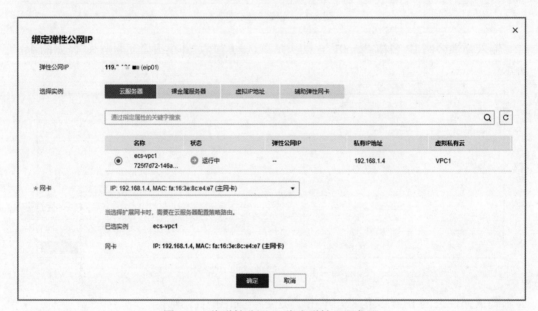

图 4-17   将弹性公网 IP 绑定弹性云服务器

绑定后，在弹性公网 IP 列表中，可以看到该弹性公网 IP 已被绑定到"ecs-vpc1"，如图 4-18 所示。

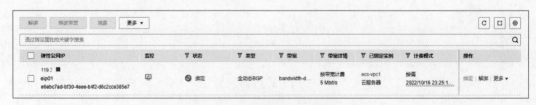

图 4-18   绑定后的弹性公网 IP 列表

步骤 3   测试弹性云服务器与外网的连通性

在弹性云服务器列表中，可看到当前弹性云服务器"ecs-vpc1"IP 地址栏中对应两个 IP 地址，一个是私网，另一个是刚才绑定的弹性公网，如图 4-19 所示。单击"远程登录"，并通过命令行测试弹性云服务器与外网的连通性。

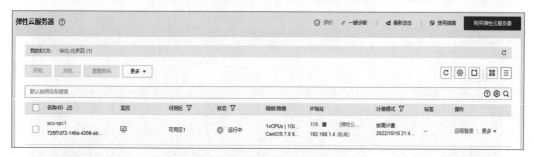

图 4-19　IP 地址栏中对应两个 IP 地址

测试弹性云服务器与外网的连通性，如图 4-20 所示。

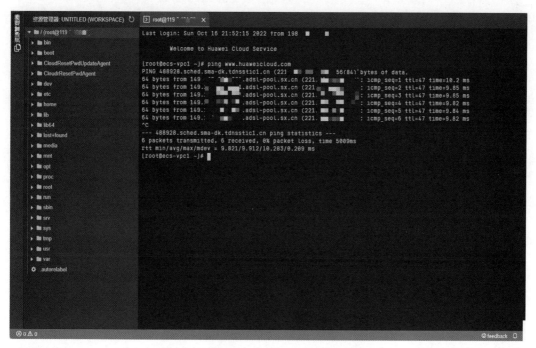

图 4-20　测试弹性云服务器与外网的连通性

同时，可以通过支持 SSH 协议的第三方工具登录弹性云服务器。输入弹性公网 IP 地址、账号和密码进行登录，如图 4-21 所示。

现在，不仅弹性云服务器可以访问外网，而且外部的网络环境也可以访问弹性云服务器。虽然方便了很多，但是在生产环境中，为了保障弹性云服务器的安全，很多时候服务器是禁止通过 ping 命令来检测网络连通性的，而且对于某些后端服务器（如数据库服务器），会通过特定的白名单进行连接。那么，如何禁止外网通过弹性公网 IP 来 ping 通云服务器，或者禁止通过 SSH 等协议或端口来访问云服务呢？我们将在后文解答这个问题。

图 4-21　通过第三方工具连接

4.1.4　安全组

安全组是一个逻辑上的分组，为同一个虚拟私有云内具有相同安全保护需求并相互信任的云服务器、云容器、云数据库等实例提供访问策略。创建安全组后，我们可以在安全组中设置出方向、入方向规则，这些规则会对安全组内部的实例出入方向的网络流量进行访问控制。实例被加入该安全组后，即受到这些访问策略的保护。

我们之前创建的弹性云服务器，默认采用的安全组名称为"Sys-WebServer"，这是一个通用 Web 服务器安全组模板，默认弹性云服务器入方向放行 22、3389、80、443 端口，以及 ICMP，出方向放行所有。也就是说，绑定了弹性公网 IP 的弹性云服务器，在默认情况下，客户端可以通过 SSH（22 端口）远程访问弹性云服务器，也可以通过 ICMP 来 ping 通弹性云服务器。

接下来我们创建安全组并将其应用到弹性云服务器，然后通过安全组入方向及出方向规则的调整来测试效果，步骤如下。

步骤 1　创建安全组

在控制台界面单击"虚拟私有云 VPC"，在左侧菜单栏中选择"访问控制"，并单击"安全组"，在右侧显示默认的安全组列表。安全组列表如图 4-22 所示。

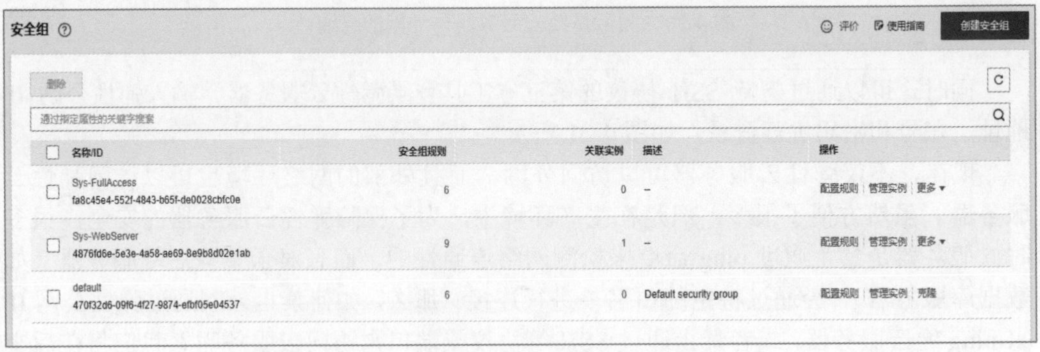

图 4-22　安全组列表

在图 4-22 所示的界面中,单击右上角的"创建安全组",打开对应的窗口。在该窗口中输入安全组名称"sg-dev",选择模板为"通用 Web 服务器"。新建安全组时,我们可以选择系统提供的以下 3 种安全组模板,方便快速创建安全组,如图 4-23 所示。

- 通用 Web 服务器:默认放行 22、3389、80、443 端口,以及 ICMP。
- 开放全部端口:开放全部端口有一定安全风险,不建议选择该选项。
- 自定义:入方向不放行任何端口。用户可在创建安全组后根据实际访问需求添加或修改安全组规则。

图 4-23 创建安全组

单击"确定",可以看到安全组"sg-dev"被创建,如图 4-24 所示。

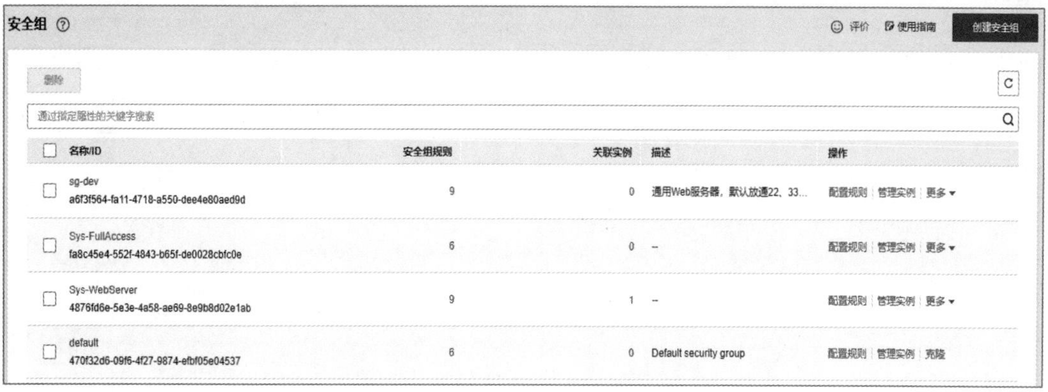

图 4-24 安全组"sg-dev"被创建

安全组"sg-dev"会按照选择的通用模板定义入方向和出方向的规则。单击对应安全组的"配置规则"可查看具体规则。

出入方向规则如图 4-25 所示。

步骤 2 更换弹性云服务器安全组并测试

接下来更换弹性云服务器"ecs-vpc1"的安全组。在弹性云服务器列表界面中,选择"更多",单击"网络设置",选择"更改安全组",如图 4-26 所示。

图 4-25　出入方向规则

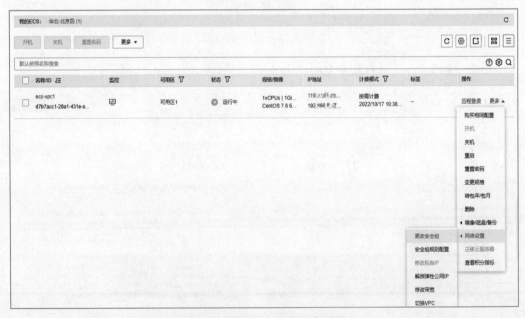

图 4-26　弹性云服务器列表界面

在更改安全组界面中,将原来的安全组"Sys-WebServer"更改为新的安全组"sg-dev",单击"确定",如图 4-27 所示。

查看更换后的安全组,如图 4-28 所示。

因为弹性云服务器安全组入方向放行 SSH 22 端口及 ICMP,所以可以通过第三方工具连接弹性云服务器,如图 4-29 所示。

图 4-27　更换安全组

图 4-28　查看更换后的安全组

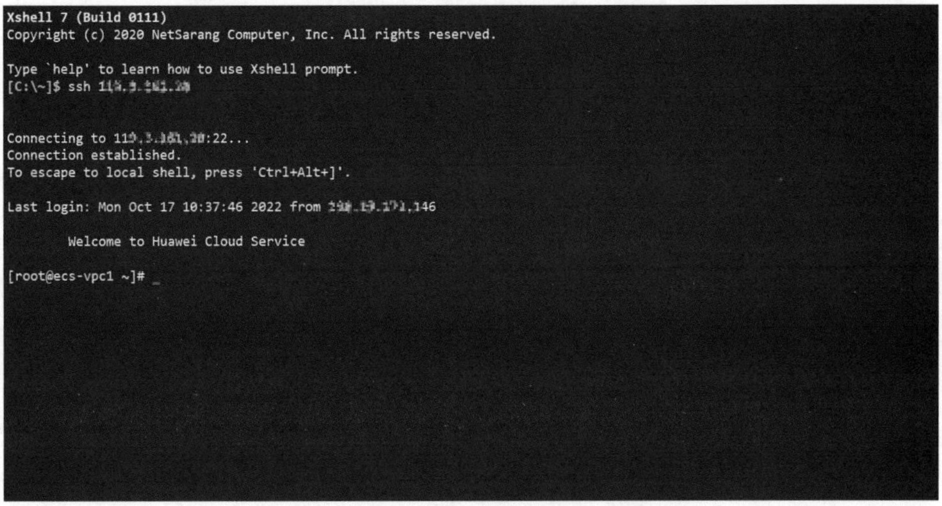

```
Xshell 7 (Build 0111)
Copyright (c) 2020 NetSarang Computer, Inc. All rights reserved.

Type `help' to learn how to use Xshell prompt.
[C:\~]$ ssh 11█.█.██1.██

Connecting to 11█.█.██1.██:22...
Connection established.
To escape to local shell, press 'Ctrl+Alt+]'.

Last login: Mon Oct 17 10:37:46 2022 from 2██.██.1██.146

        Welcome to Huawei Cloud Service

[root@ecs-vpc1 ~]# _
```

图 4-29　通过第三方工具连接弹性云服务器

客户端对弹性云服务器可以执行 ping 操作，如图 4-30 所示。

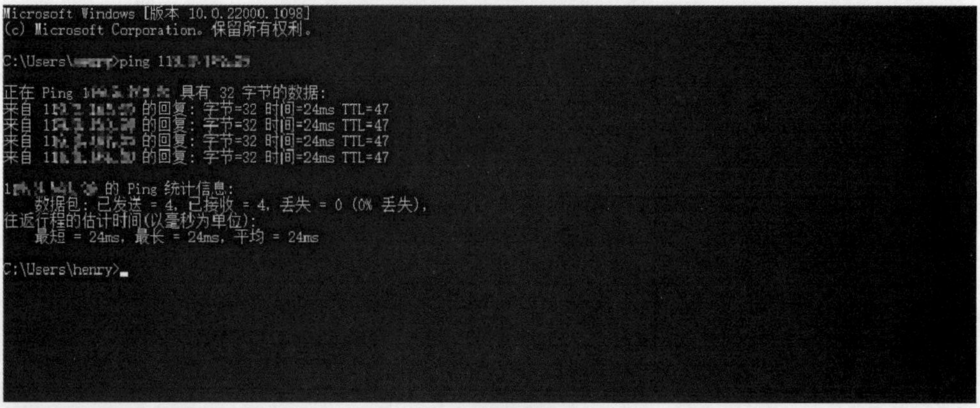

图 4-30　执行 ping 操作

下面修改安全组规则，对弹性云服务器禁止执行 ping 操作，并禁止使用 SSH 22 端口进行远程连接。

步骤 3　修改安全组规则并测试

返回安全组列表界面，在"sg-dev"后面单击"配置规则"，如图 4-31 所示。

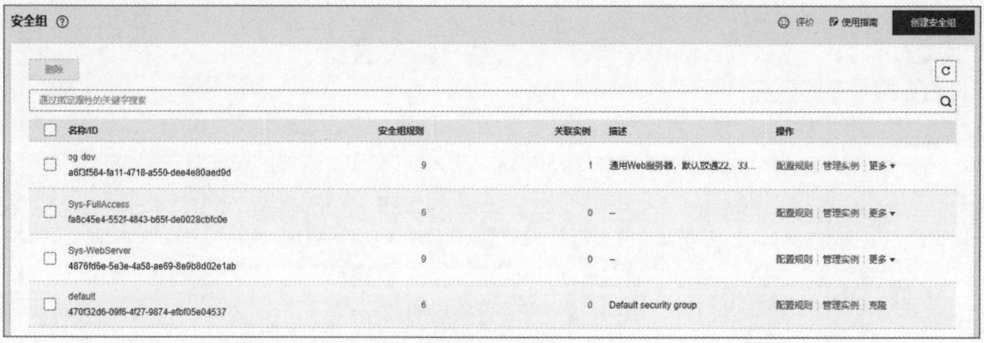

图 4-31　安全组列表

在入方向规则中勾选协议端口"ICMP:全部"和"TCP:22"，单击"删除"，如图 4-32 所示。

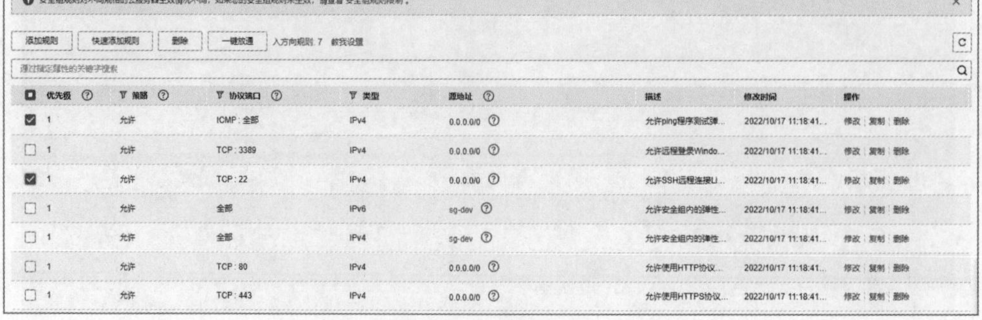

图 4-32　删除规则

删除后查看最新的规则列表，如图 4-33 所示。

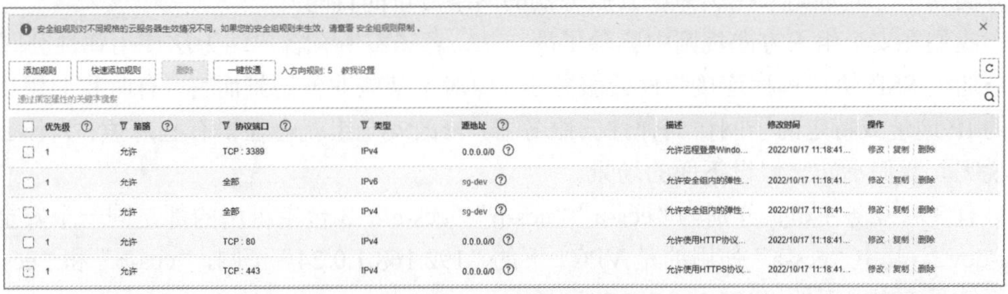

图 4-33　最新的规则列表

重新针对弹性云服务器进行 ping 操作及远程连接操作。我们可以发现显示"请求超时"，无法 ping 通弹性云服务器，如图 4-34 所示。

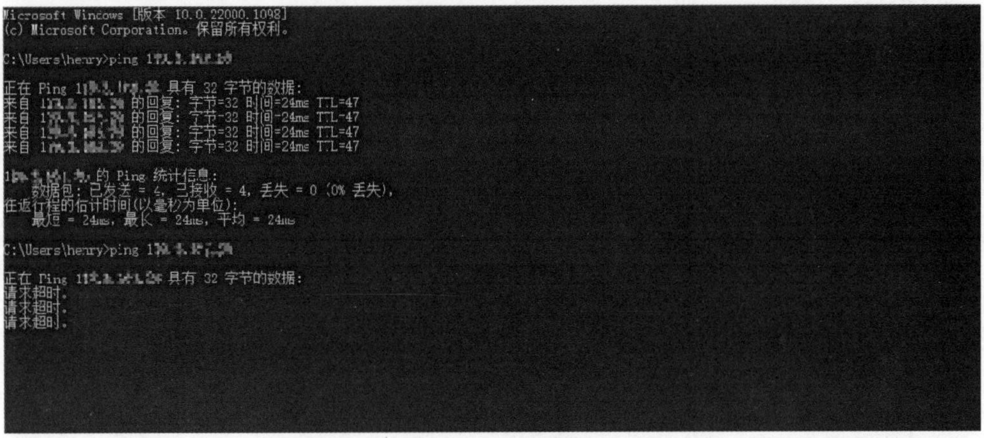

图 4-34　请求超时

也无法通过支持 SSH 协议的第三方工具连接弹性云服务器，如图 4-35 所示。

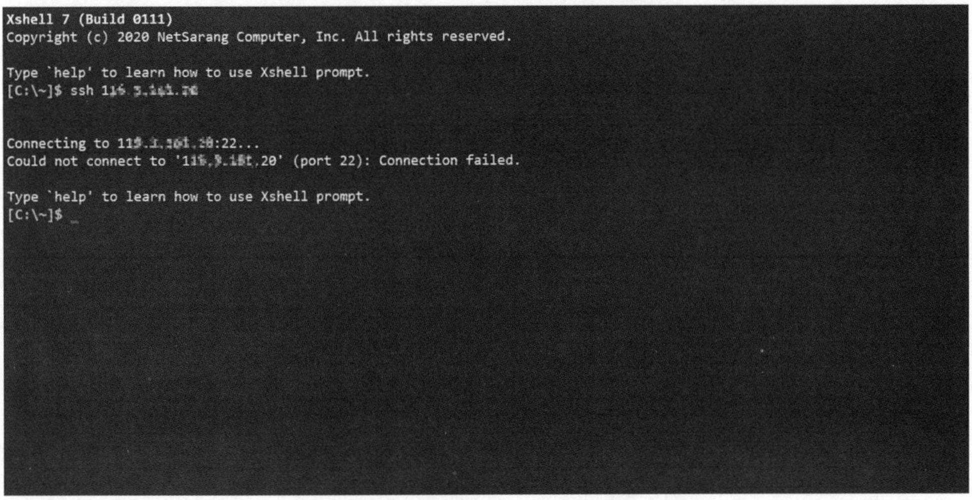

图 4-35　通过第三方工具连接失败

安全组的出方向规则的操作和上述步骤一致，不再赘述。这样就实现了通过安全组入方向和出方向规则来控制弹性云服务器的网络流量的目的。

我们在安全组入方向规则中删除了端口 22，意味着所有客户端无法使用弹性公网 IP 地址通过 SSH 协议远程连接弹性云服务器。但对于某些业务场景而言，有时我们想让特定的 IP 地址或特定的子网访问弹性云服务器，修改安全组就会显得有些麻烦。为什么这么说呢？我们不妨来假设下面的场景。

有 3 台业务主机，分别为 "ecs-a" "ecs-b" "ecs-c"。3 台主机用的都是同一个安全组 "sg-dev"。其中 "ecs-a" 使用的是 VPC1 下的 "192.168.1.0/24" 子网，"ecs-b" 和 "ecs-c" 使用的是 VPC1 下的 "192.168.2.0/24" 子网。

在默认情况下，同一个 VPC 下的所有子网都是互通的，也就是说 3 台主机的网络互通。现在需要满足下面的需求：

- "ecs-b" 可以 ping 通 "ecs-a"；
- "ecs-c" 禁止 ping 通 "ecs-a"；
- "ecs-b" 可以 ping 通 "ecs-c"。

使用安全组往往不好满足类似的需求，因为安全组是被绑定到主机的，通常限制的是对主机的访问，而现在要实现不同子网之间的网络流量限制，我们可以采用网络 ACL。网络 ACL 配合安全组，可以更加精细化地控制某些子网或 IP 之间的网络互访。

4.1.5　网络 ACL

网络 ACL 是一个子网级别的可选安全层，通过与子网关联的出方向/入方向规则相互配合来控制出入子网的数据流。

网络 ACL 与安全组类似，都是安全防护策略，我们想增加额外的安全防护层时，就可以启用网络 ACL。网络 ACL 和安全组的区别在于，网络 ACL 是对子网进行防护，而安全组是对云服务器、云容器、云数据库等实例进行防护。两者结合起来，可以实现更精细、更复杂的安全访问控制，如图 4-36 所示。

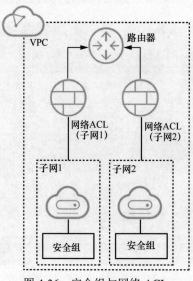

图 4-36　安全组与网络 ACL

接下来我们通过创建、配置网络 ACL 来满足前面提出的需求，步骤如下。

步骤 1　配置安全组

在前文中，我们针对安全组"sg-dev"删除了端口 22 和 ICMP，现在重新还原配置。单击"添加规则"，进入添加入方向规则界面。设置优先级为"1"，协议端口为"基本协议/自定义 TCP""22"，单击"确定"，如图 4-37 所示。

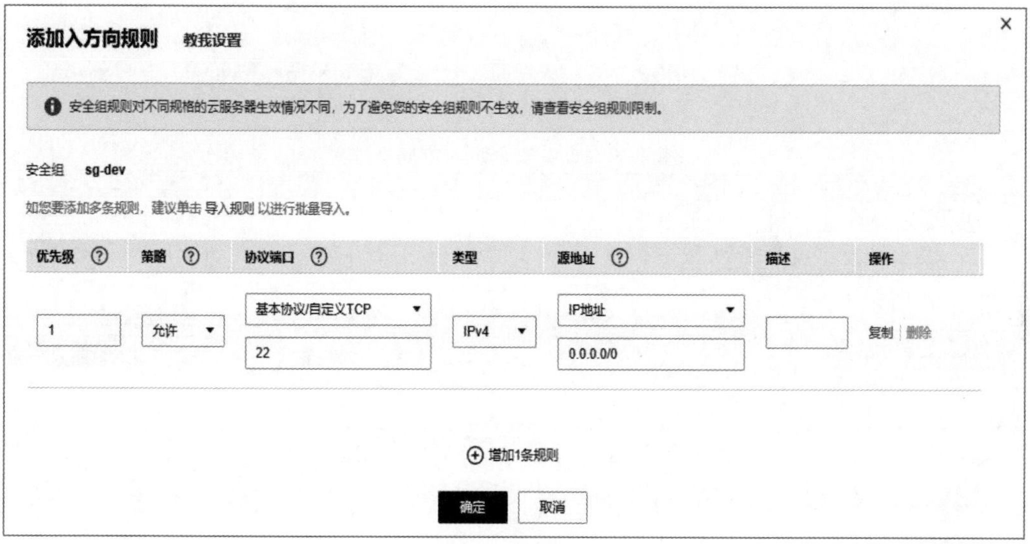

图 4-37　设置协议端口

再次单击"添加规则"，进入添加入方向规则界面。设置优先级为"1"，协议端口为"基本协议/ICMP""全部"，单击"确定"，如图 4-38 所示。

图 4-38　选择协议端口

查看当前安全组"sg-dev"入方向规则，如图 4-39 所示。

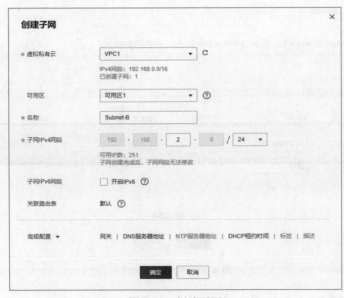

	优先级 ⑦	策略 ⑦	协议端口 ⑦	类型	源地址 ⑦	描述	修改时间	操作
☐	1	允许	ICMP: 全部	IPv4	0.0.0.0/0 ⑦	--	2022/10/18 09:12:..	修改 复制 删除
☐	1	允许	TCP: 22	IPv4	0.0.0.0/0 ⑦	--	2022/10/18 09:07:..	修改 复制 删除
☐	1	允许	全部	IPv6	sg-dev ⑦	允许安全组内的弹..	2022/10/17 11:18:4..	修改 复制 删除
☐	1	允许	全部	IPv4	sg-dev ⑦	允许安全组内的弹..	2022/10/17 11:18:4..	修改 复制 删除
☐	1	允许	TCP: 80	IPv4	0.0.0.0/0 ⑦	允许使用HTTP协议..	2022/10/17 11:18:4..	修改 复制 删除
☐	1	允许	TCP: 443	IPv4	0.0.0.0/0 ⑦	允许使用HTTPS协..	2022/10/17 11:18:4..	修改 复制 删除
☐	1	允许	TCP: 3389	IPv4	0.0.0.0/0 ⑦	允许远程登录Wind..	2022/10/17 11:18:4..	修改 复制 删除

图 4-39   查看安全组入方向规则

步骤 2   创建子网

在虚拟私有云界面左边菜单栏选择"子网",单击右上角的"创建子网"。子网列表如图 4-40 所示。

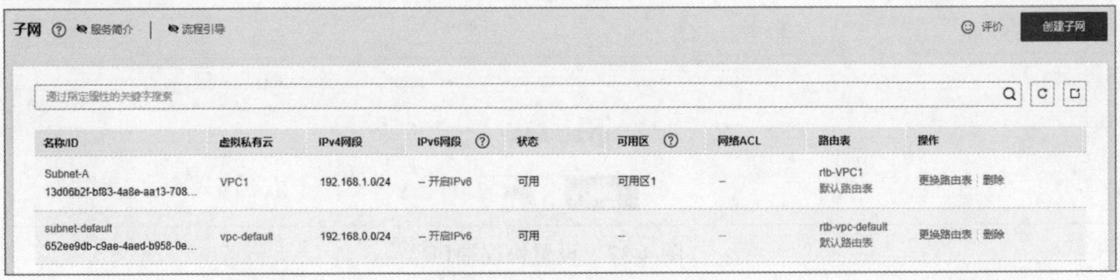

名称/ID	虚拟私有云	IPv4网段	IPv6网段 ⑦	状态	可用区 ⑦	网络ACL	路由表	操作
Subnet-A 13d06b2f-bf83-4a8e-aa13-708...	VPC1	192.168.1.0/24	-- 开启IPv6	可用	可用区1	--	rtb-VPC1 默认路由表	更换路由表 删除
subnet-default 652ee9db-c9ae-4aed-b958-0e...	vpc-default	192.168.0.0/24	-- 开启IPv6	可用	--	--	rtb-vpc-default 默认路由表	更换路由表 删除

图 4-40   子网列表

设置虚拟私有云为"VPC1",名称为"Subnet-B",子网 IPv4 网段为"192.168.2.0/24",单击"确定",如图 4-41 所示。

图 4-41   创建子网

我们可以发现现在 VPC1 有两个子网：“Subnet-B”“Subnet-A”，对应的网段分别为“192.168.2.0/24”和“192.168.1.0/24”，如图 4-42 所示。

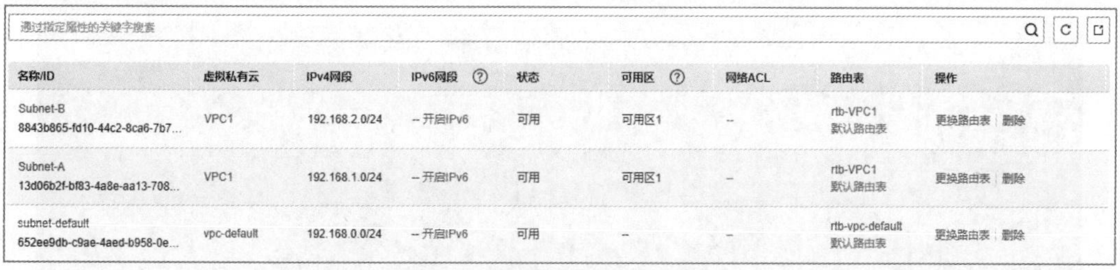
通过指定属性的关键字搜索

名称/ID	虚拟私有云	IPv4网段	IPv6网段	状态	可用区	网络ACL	路由表	操作
Subnet-B 8843b865-fd10-44c2-8ca6-7b7...	VPC1	192.168.2.0/24	-- 开启IPv6	可用	可用区1	--	rtb-VPC1 默认路由表	更换路由表 | 删除
Subnet-A 13d06b2f-bf83-4a8e-aa13-708...	VPC1	192.168.1.0/24	-- 开启IPv6	可用	可用区1	--	rtb-VPC1 默认路由表	更换路由表 | 删除
subnet-default 652ee9db-c9ae-4aed-b958-0e...	vpc-default	192.168.0.0/24	-- 开启IPv6	可用	--	--	rtb-vpc-default 默认路由表	更换路由表 | 删除

图 4-42　创建后的子网列表

步骤 3　创建 3 台弹性云服务器并测试互通性

创建 3 台弹性云服务器，名称分别为“ecs-a”“ecs-b”“ecs-c”，使用同一个安全组“sg-dev”，并给其全部配置弹性公网 IP，如图 4-43 所示。需要注意的是“ecs-a”的网络选择 VPC1 下的“Subnet-A”子网，“ecs-b”和“ecs-c”的网络选择 VPC1 下的“Subnet-B”子网。

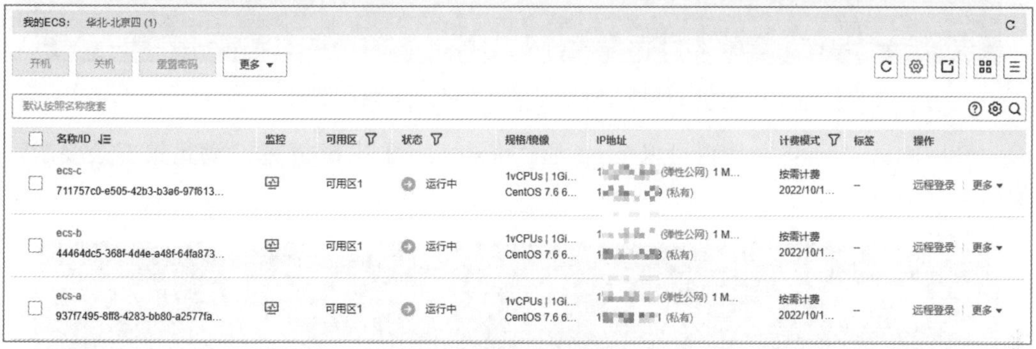
我的ECS：　华北-北京四 (1)
开机
关机
重置密码
更多
默认按照名称搜索

名称/ID	监控	可用区	状态	规格/镜像	IP地址	计费模式	标签	操作
ecs-c 711757c0-e505-42b3-b3a6-97f613...		可用区1	运行中	1vCPUs | 1Gi... CentOS 7.6 6...	(弹性公网) 1 M... (私有)	按需计费 2022/10/1...	--	远程登录 | 更多
ecs-b 44464dc5-368f-4d4e-a48f-64fa873...		可用区1	运行中	1vCPUs | 1Gi... CentOS 7.6 6...	(弹性公网) 1 M... (私有)	按需计费 2022/10/1...	--	远程登录 | 更多
ecs-a 937f7495-8ff8-4283-bb80-a2577fa...		可用区1	运行中	1vCPUs | 1Gi... CentOS 7.6 6...	(弹性公网) 1 M... (私有)	按需计费 2022/10/1...	--	远程登录 | 更多

图 4-43　弹性云服务器列表

3 台弹性云服务器“ecs-a”“ecs-b”“ecs-c”的私网 IP 地址分别为“192.168.1.161”“192.168.2.163”“192.168.2.239”。因为选择的都是同一个虚拟私有云，所以其下所有子网网络都是互通的。按照前文提出的需求，首先测试“ecs-b”是否可以 ping 通“ecs-a”。网络可以 ping 通，满足第一条要求，如图 4-44 所示。

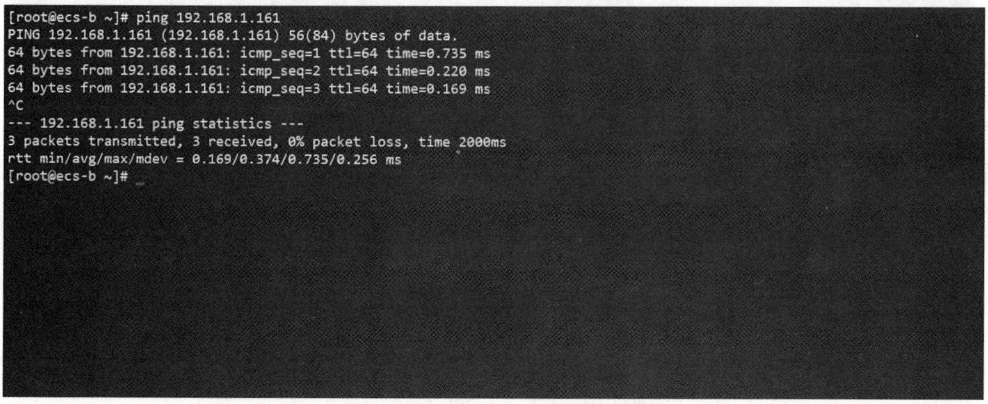
[root@ecs-b ~]# ping 192.168.1.161
PING 192.168.1.161 (192.168.1.161) 56(84) bytes of data.
64 bytes from 192.168.1.161: icmp_seq=1 ttl=64 time=0.735 ms
64 bytes from 192.168.1.161: icmp_seq=2 ttl=64 time=0.220 ms
64 bytes from 192.168.1.161: icmp_seq=3 ttl=64 time=0.169 ms
^C
--- 192.168.1.161 ping statistics ---
3 packets transmitted, 3 received, 0% packet loss, time 2000ms
rtt min/avg/max/mdev = 0.169/0.374/0.735/0.256 ms
[root@ecs-b ~]#

图 4-44　测试“ecs-b”是否可以 ping 通“ecs-a”

　　然后测试"ecs-c"是否可以 ping 通"ecs-a"。网络可以 ping 通，不满足第二条要求，如图 4-45 所示。

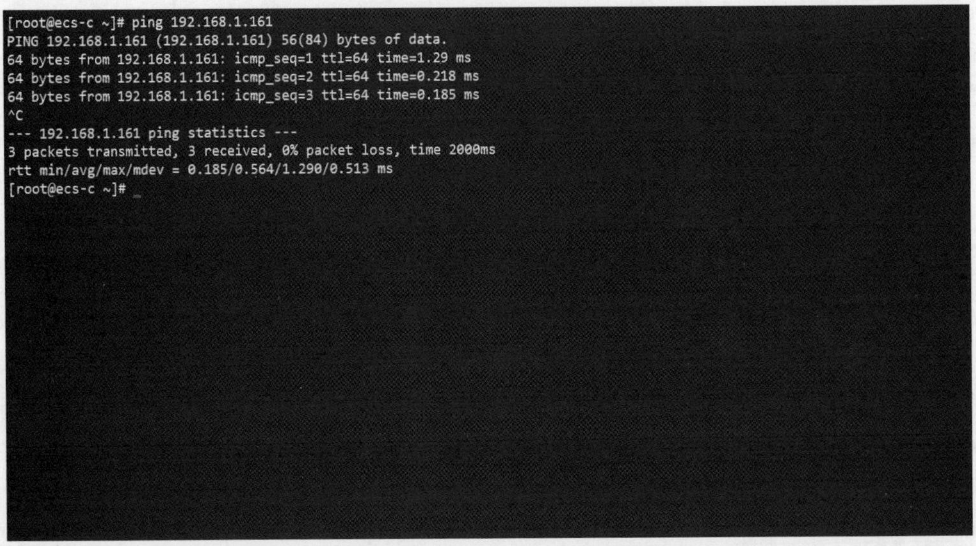

```
[root@ecs-c ~]# ping 192.168.1.161
PING 192.168.1.161 (192.168.1.161) 56(84) bytes of data.
64 bytes from 192.168.1.161: icmp_seq=1 ttl=64 time=1.29 ms
64 bytes from 192.168.1.161: icmp_seq=2 ttl=64 time=0.218 ms
64 bytes from 192.168.1.161: icmp_seq=3 ttl=64 time=0.185 ms
^C
--- 192.168.1.161 ping statistics ---
3 packets transmitted, 3 received, 0% packet loss, time 2000ms
rtt min/avg/max/mdev = 0.185/0.564/1.290/0.513 ms
[root@ecs-c ~]#
```

图 4-45　测试"ecs-c"是否可以 ping 通"ecs-a"

　　最后测试"ecs-b"是否可以 ping 通"ecs-c"。可以 ping 通，满足第三条要求，如图 4-46 所示。

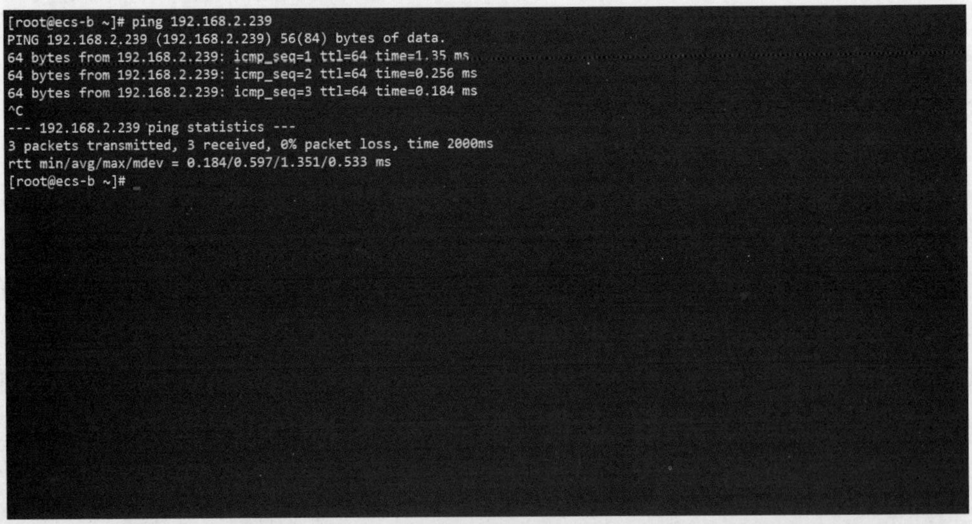

```
[root@ecs-b ~]# ping 192.168.2.239
PING 192.168.2.239 (192.168.2.239) 56(84) bytes of data.
64 bytes from 192.168.2.239: icmp_seq=1 ttl=64 time=1.35 ms
64 bytes from 192.168.2.239: icmp_seq=2 ttl=64 time=0.256 ms
64 bytes from 192.168.2.239: icmp_seq=3 ttl=64 time=0.184 ms
^C
--- 192.168.2.239 ping statistics ---
3 packets transmitted, 3 received, 0% packet loss, time 2000ms
rtt min/avg/max/mdev = 0.184/0.597/1.351/0.533 ms
[root@ecs-b ~]#
```

图 4-46　测试"ecs-b"是否可以 ping 通"ecs-c"

步骤 4　创建网络 ACL

　　根据"步骤 3"的测试结果可知，当前环境不满足前文提出的需求中的第二条，即要求"ecs-c"禁止 ping 通"ecs-a"，接下来我们创建网络 ACL 来对子网进行限定。

　　在网络控制台界面左侧菜单栏选择"访问控制"，单击"网络 ACL"，在右侧网络 ACL 列表界面单击右上角的"创建网络 ACL"，如图 4-47 所示。

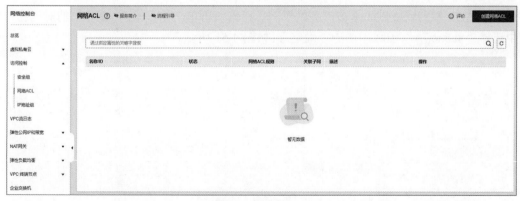

图 4-47　网络 ACL 列表

将名称自定义为"ACL01",并单击"确定",如图 4-48 所示。

图 4-48　创建网络 ACL

创建好网络 ACL,系统会在入方向规则和出方向规则上分别添加一行网络 ACL 规则,这两条网络 ACL 规则默认都是拒绝所有,并且需要关联子网才能生效。入方向规则如图 4-49 所示。

图 4-49　入方向规则

出方向规则如图 4-50 所示。

图 4-50　出方向规则

在 ACL 规则列表界面单击"关联子网"标签，再单击"关联"，在弹出的对应窗口中选择"Subnet-A"子网，单击"确定"，如图 4-51 所示。

图 4-51　关联子网

网络 ACL 关联"Subnet-A"子网，意味着"192.168.1.0/24"子网默认拒绝所有流量。接下来，我们使用"ecs-b"和"ecs-c"分别 ping"ecs-a"进行连通性测试。"ecs-b"执行 ping 测试，如图 4-52 所示。

```
[root@ecs-b ~]# ping 192.168.1.161
PING 192.168.1.161 (192.168.1.161) 56(84) bytes of data.
```

图 4-52　"ecs-b"执行 ping 测试

"ecs-c"执行 ping 测试，如图 4-53 所示。

```
[root@ecs-c ~]# ping 192.168.1.161
PING 192.168.1.161 (192.168.1.161) 56(84) bytes of data.
```

图 4-53　"ecs-c"执行 ping 测试

可以看到，网络 ACL 已经生效，"ecs-b"和"ecs-c"已经无法 ping 通"ecs-a"了。显然还是不符合"ecs-b"可以 ping 通"ecs-a"的要求。

步骤 5　配置网络 ACL 规则

网络 ACL 规则默认拒绝所有，现在我们添加一条入方向的规则，放行"ecs-b"的 IP 地址，这样"ecs-b"就可以 ping 通"ecs-a"了。在网络 ACL 入方向规则界面，单击"添加规则"，设置策略为"允许"，在源地址中输入"192.168.2.163/32"，这意味着"ecs-b"被放行，允许访问"Subnet-A"子网，最后单击"确定"，如图 4-54 所示。

ACL01
导入规则
导出规则
基本信息
入方向规则
出方向规则
关联子网
添加规则
删除
默认规则
教我设置
所有动作
所有协议
源地址
请输入查询的关键字
优先级
状态
类型
策略
协议
源地址
源端...
目的地址
目的...
描述
启用
IPv4
允许
全部
IP地址
192.168.2.163/32
全部
IP地址
0.0.0.0/0
全部
0/255
您还可以增加9条规则
确定
取消
启用
拒绝
全部
0.0.0.0/0
全部
0.0.0.0/0
全部

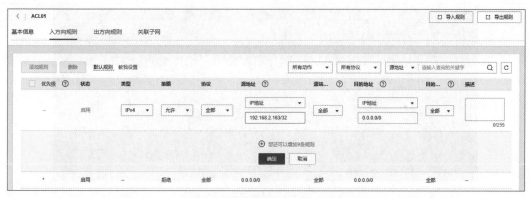

图 4-54　配置网络 ACL 规则

步骤 6　验证结果

根据前文提出的要求，我们来验证最终结果。“ecs-b”可以 ping 通“ecs-a”，满足要求，如图 4-55 所示。

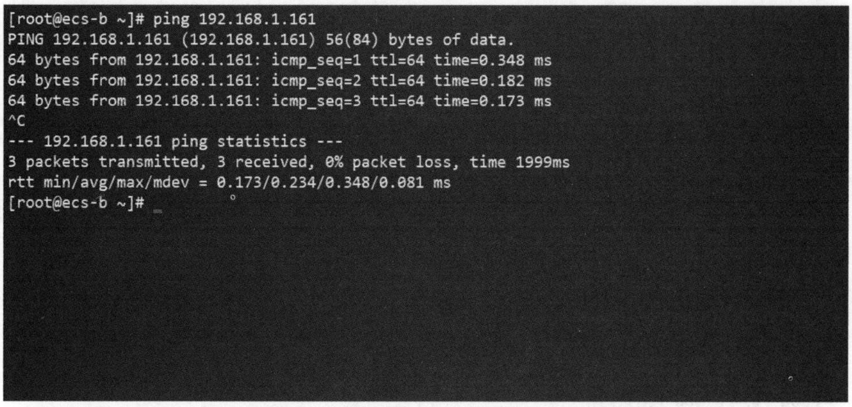

[root@ecs-b ~]# ping 192.168.1.161
PING 192.168.1.161 (192.168.1.161) 56(84) bytes of data.
64 bytes from 192.168.1.161: icmp_seq=1 ttl=64 time=0.348 ms
64 bytes from 192.168.1.161: icmp_seq=2 ttl=64 time=0.182 ms
64 bytes from 192.168.1.161: icmp_seq=3 ttl=64 time=0.173 ms
^C
--- 192.168.1.161 ping statistics ---
3 packets transmitted, 3 received, 0% packet loss, time 1999ms
rtt min/avg/max/mdev = 0.173/0.234/0.348/0.081 ms
[root@ecs-b ~]#

图 4-55　“ecs-b”可以 ping 通“ecs-a”

“ecs-c”禁止 ping 通“ecs-a”，满足要求，如图 4-56 所示。

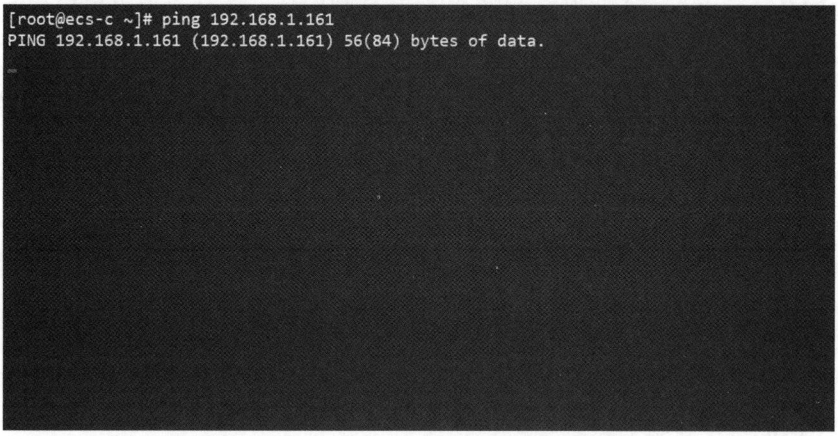

[root@ecs-c ~]# ping 192.168.1.161
PING 192.168.1.161 (192.168.1.161) 56(84) bytes of data.

图 4-56　“ecs-c”禁止 ping 通“ecs-a”

“ecs-b”可以 ping 通“ecs-c”，满足要求，如图 4-57 所示。

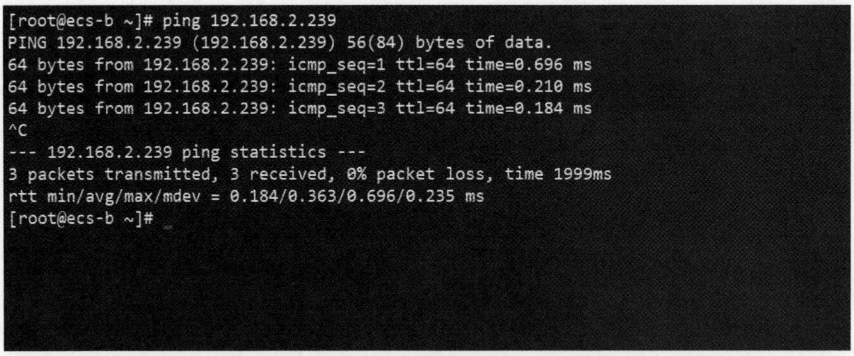

```
[root@ecs-b ~]# ping 192.168.2.239
PING 192.168.2.239 (192.168.2.239) 56(84) bytes of data.
64 bytes from 192.168.2.239: icmp_seq=1 ttl=64 time=0.696 ms
64 bytes from 192.168.2.239: icmp_seq=2 ttl=64 time=0.210 ms
64 bytes from 192.168.2.239: icmp_seq=3 ttl=64 time=0.184 ms
^C
--- 192.168.2.239 ping statistics ---
3 packets transmitted, 3 received, 0% packet loss, time 1999ms
rtt min/avg/max/mdev = 0.184/0.363/0.696/0.235 ms
[root@ecs-b ~]#
```

图 4-57　　"ecs-b" 可以 ping 通 "ecs-c"

4.2　公网 NAT 网关

弹性公网 IP 主要用于提供公网出口带宽服务,不仅可以让弹性云服务器连通外部网络,而且可以通过第三方工具连接到弹性云服务器,方便用户管理和操作。

但是弹性公网 IP 也会增加费用成本。假设公司购买了 100 台甚至更多的弹性云服务器,来运行不同的应用程序。由于业务需要,每台弹性云服务器都需要连通外部网络,这时可以选择为每台弹性云服务器购买一个弹性公网 IP 进行绑定。但如果真这么做,企业成本就会大幅度增加,因为需要付费使用每个弹性公网 IP。

那么有没有一种方式,不仅可以最大限度地减少成本,还可以保证每台弹性云服务器都能连通外网呢?其实通过公网 NAT 网关就可以做到。

4.2.1　公网 NAT 网关简介

公网 NAT 网关能够为虚拟私有云内的云主机(弹性云服务器云主机、裸金属服务器物理主机)或者通过云专线/VPN 接入虚拟私有云的本地数据中心的服务器,提供网络地址转换服务,使多个云主机共享弹性公网 IP 访问因特网或使云主机提供互联网服务。公网 NAT 网关不仅具有部署灵活、配置简单的特点,还可以让多台主机共享同一个弹性公网 IP,有效降低成本。公网 NAT 网关分为 SNAT(源网络地址转换)和 DNAT(目的网络地址转换)两个功能。

SNAT 可以通过绑定弹性公网 IP,实现私有 IP 向公有 IP 的转换;实现虚拟私有云内跨可用区的多个云主机共享弹性公网 IP,安全、高效地访问互联网。

DNAT 绑定弹性公网 IP 后,可通过 IP 映射或端口映射两种方式,实现虚拟私有云内跨可用区的多个云主机共享弹性公网 IP,为互联网上的访问提供服务。

4.2.2　SNAT 的配置

SNAT 的配置步骤如下。

步骤1　创建并测试弹性云服务器

假设"华北-北京四"区域有 3 台弹性云服务器,名称分别为 ecs-0001、ecs-0002、

ecs-0003。虚拟私有云全部使用"BJ4-VPC4"，对应网段为"192.168.4.0/24"。3 台弹性
云服务器均未绑定弹性公网 IP。弹性云服务器列表如图 4-58 所示。

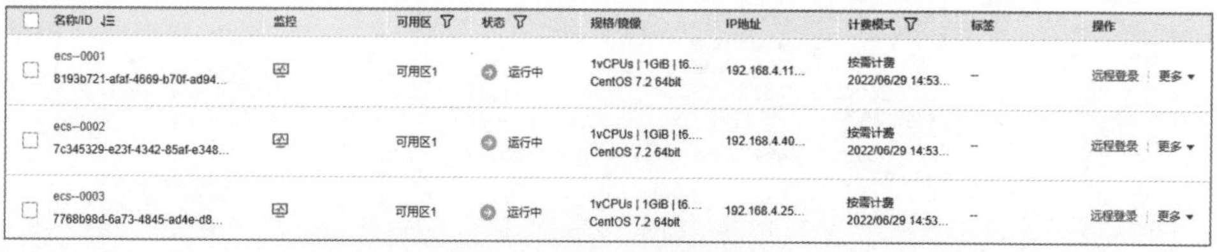

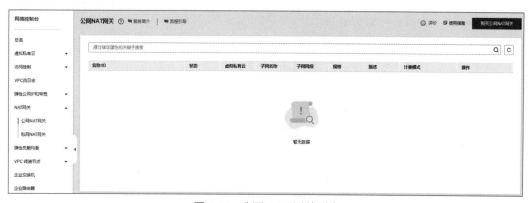

图 4-58　弹性云服务器列表

因为没有绑定弹性公网 IP，所以所有弹性云服务器都无法 ping 通外网，如图 4-59 所示。

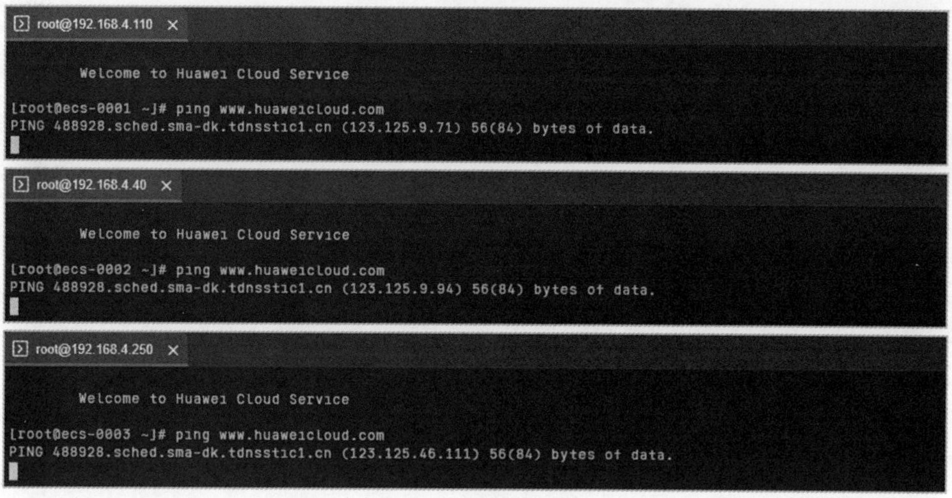

图 4-59　测试连通性

步骤 2　购买公网 NAT 网关

在网络控制台界面选择"NAT 网关"，单击"公网 NAT 网关"，在右上角单击"购
买公网 NAT 网关"。公网 NAT 网关列表如图 4-60 所示。

图 4-60　公网 NAT 网关列表

设置计费模式为"按需计费"，区域为"华北-北京四"，名称为"nat-pub"，虚拟私有

云为"BJ4-VPC4"，子网为"subnet-vpc4（192.168.4.0/24）"，如图 4-61 所示。然后单击"立即购买"。

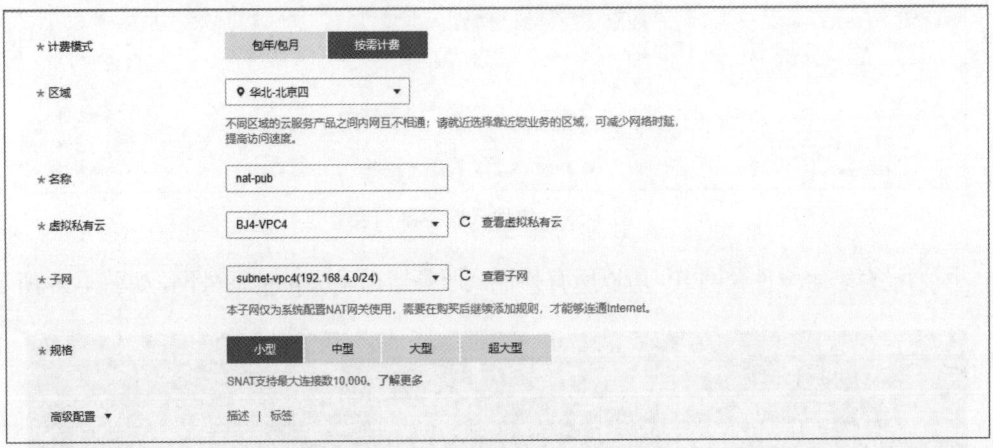

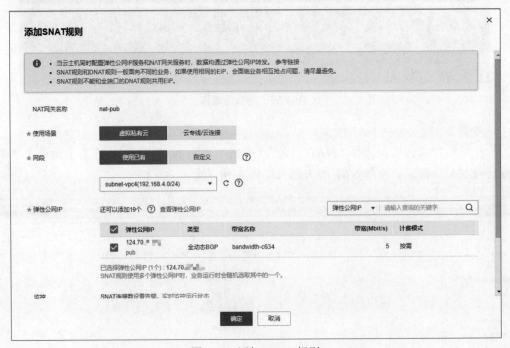

图 4-61　购买公网 NAT 网关

步骤 3　添加 SNAT 规则

选择对应的公网 NAT 网关，单击"添加 SNAT 规则"。在添加 SNAT 规则界面中，选择对应的子网及弹性公网 IP（需要购买独立的弹性公网 IP），单击"确定"，如图 4-62 所示。

图 4-62　添加 SNAT 规则

步骤 4　进行 SNAT 连通测试

添加 SNAT 规则后，位于"subnet-vpc4（192.168.4.0/24）"子网的所有弹性云服务器都可以访问外网。SNAT 连通测试如图 4-63 所示。

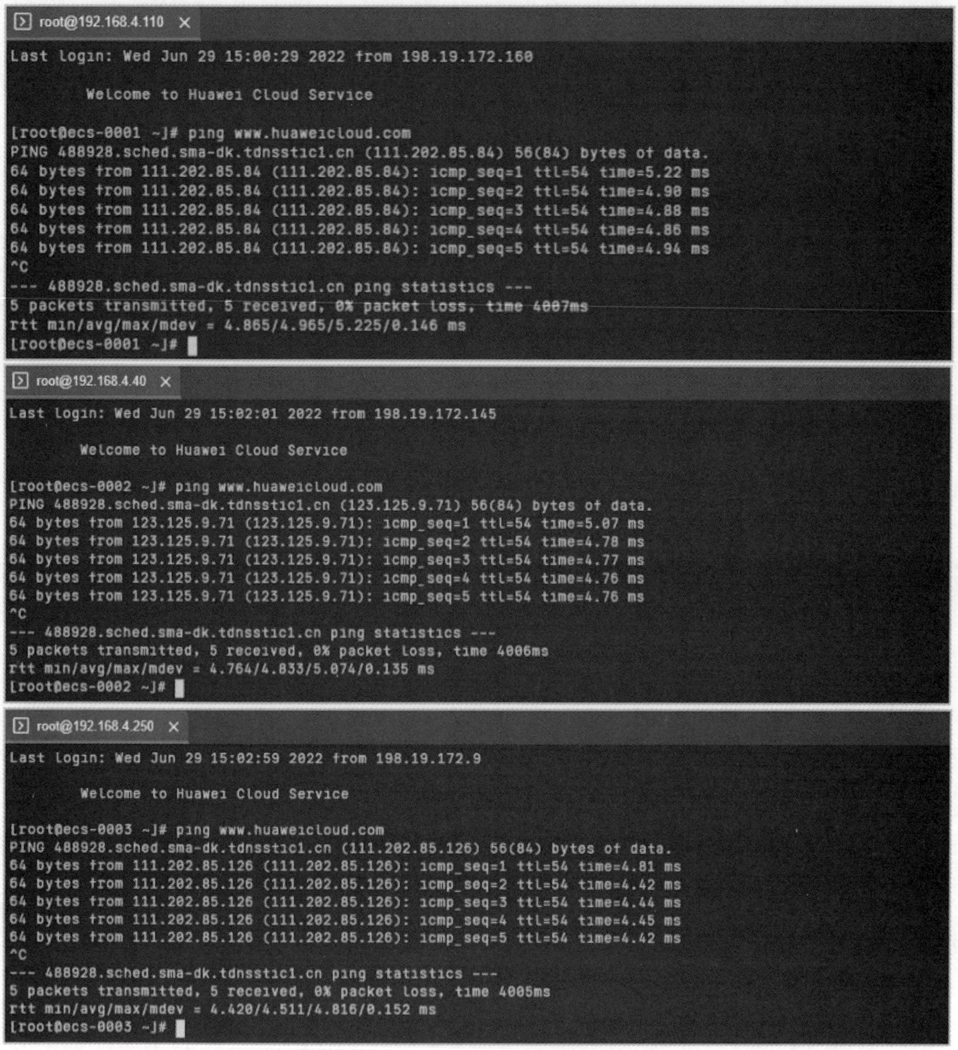

图 4-63 SNAT 连通测试

这样一来，多台弹性云服务器使用同一个弹性公网 IP 访问公网，在弹性云服务器规模较大时，可以有效降低成本。

如果未来弹性云服务器作为服务器要对外提供服务，那么可以通过配置 DNAT 来实现多个云主机共享弹性公网 IP，为互联网上的访问提供服务。

4.2.3 DNAT 的配置

DNAT 的配置步骤如下。

步骤 1 添加 DNAT 规则

选择对应的公网 NAT 网关，单击"添加 DNAT 规则"。在添加 DNAT 规则界面中，选择对应的使用场景和端口类型，设置支持协议为"TCP"，指定弹性公网 IP，输入公网端口"80"，设置实例类型为"ecs-0001"，输入私网端口"80"，单击"确定"，如图 4-64 所示。

添加DNAT规则

> ⓘ ・ 针对同一云主机，请勿同时配置弹性公网IP服务和NAT服务，以免对DNAT数据报文可能造成的中断。参考链接
> ・ 配置DNAT规则后，需要放通对应的安全组规则，点此跳转
> ・ SNAT规则和DNAT规则一般面向不同的业务，如果使用相同的EIP，会面临业务相互抢占问题，请尽量避免。
> ・ SNAT规则不能和全端口的DNAT规则共用EIP。

NAT网关名称	nat-pub
★ 使用场景	虚拟私有云　云专线/云连接
★ 端口类型	具体端口　所有端口
★ 支持协议	TCP ▾
★ 弹性公网IP	124.70.93.211(5 Mbit/s｜按需计费) ▾　C ⑦ 查看弹性公网IP
	带宽大小: 5 Mbit/s 计费模式: 按需计费
★ 公网端口	80 ⑦
★ 实例类型	服务器　虚拟IP地址　自定义

名称	状态	私有IP地址	虚拟私有云
⦿ ecs~0001	⊙ 运行中	192.168.4.110	BJ4-VPC4
○ ecs~0002	⊙ 运行中	192.168.4.40	BJ4-VPC4
○ ecs~0003	⊙ 运行中	192.168.4.250	BJ4-VPC4

★ 网卡	IP: 192.168.4.110, MAC: fa:16:3e:13:6e:d8 主网卡 ▾
已选实例	ecs~0001
网卡	IP: 192.168.4.110, MAC: fa:16:3e:13:6e:d8 主网卡
★ 私网端口	80

确定　取消

图 4-64　添加 DNAT 规则

添加 DNAT 规则后，"ecs-0001"即可为外部公网提供服务。接下来为该弹性云服务器安装 httpd 包资源并启动服务，让它作为一个 Web 服务进行测试。

步骤 2　配置 Web 服务并测试

在"ecs-0001"上安装 httpd 包。

```
[root@ecs-0001 ~]# yum install -y httpd
```

启动 httpd 服务。

```
[root@ecs-0001 ~]# systemctl start httpd
```

在/var/www/html 目录下面创建 index.html 文件，并编写内容"云服务，您好！"。

```
[root@ecs-0001 ~]# vim /var/www/html/index.html
```

编写完毕保存并退出 httpd 服务。

最后，通过浏览器输入 DNAT 对应的弹性公网 IP，即可访问网页内容，如图 4-65 所示。

图 4-65　访问网页内容

4.3　对等连接

前面介绍了如何创建和使用虚拟私有云，以及如何创建虚拟私有云子网。同一个虚拟私有云下的不同子网之间是互通的。因此，不管创建多少台弹性云服务器，网络只要选择的是同一个虚拟私有云下的子网，所有弹性云服务器之间的网络就都是互通的。

但是由于业务需求，弹性云服务器需要用到不同的虚拟私有云下的子网。那么它们之间的网络还会互通吗？如果创建的两台弹性云服务器分别选择了不同的虚拟私有云下的两个子网，它们之间的网络是不会互通的。这种情况该怎么办呢？使用对等连接即可解决。

4.3.1　对等连接简介

对等连接是指两个虚拟私有云之间的网络连接。用户可以使用私有 IP 地址在两个虚拟私有云之间进行通信，就像两个虚拟私有云在同一个网络中。在同一个区域内，用户可以在两个虚拟私有云之间创建对等连接，也可以在自己的虚拟私有云与其他账户的虚拟私有云之间创建对等连接。需要注意的是，不同区域的虚拟私有云之间不能创建对等连接。对等连接示意如图 4-66 所示。

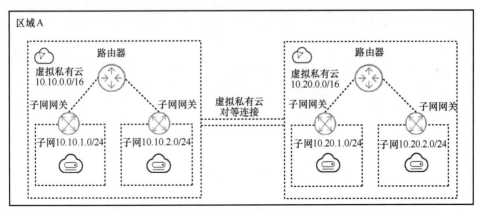

图 4-66　对等连接示意

因为不同的虚拟私有云之间的网都是隔离的，所以可能会在全局出现重叠的子网。如果两个虚拟私有云的无分类地址有重叠，建立对等连接时，只能针对子网建立对等关系。如果两个虚拟私有云下的子网网段有重叠，那么该对等关系不生效。建立对等连接时，请确保两个虚拟私有云之间没有重叠的子网。接下来我们通过创建对等连接来实现同一个区域内不同的虚拟私有云的网络互通。

4.3.2　对等连接的创建

创建对等连接的步骤如下。

步骤 1　创建弹性云服务器和虚拟私有云子网

在"北京四"区域下有两个虚拟私有云，名称分别为"VPC1"和"VPC2"。其中，

VPC1 有一个子网"Subnet-A"，网段为"192.168.1.0/24"；VPC2 有一个子网"Subnet-X"，网段为"10.0.1.0/24"，如图 4-67 所示。

图 4-67　虚拟私有云的环境

在当前的"北京四"区域内有两台弹性云服务器，名称分别为"ecs-vpc1"和"ecs-vpc2"。其中，ecs-vpc1 和 ecs-vpc2 的云服务器的虚拟私有云分别使用了 VPC1 和 VPC2，如图 4-68 所示。

云服务器信息	
ID	b3946f2d-4402-4154-9f8b-281876ae1d3b
名称	ecs-vpc1 ✎
区域	北京四
可用区	可用区1
规格	通用入门型 | t6.small.1 | 1vCPUs | 1 GiB
镜像	CentOS 7.4 64bit | 公共镜像
虚拟私有云	VPC1

云服务器信息	
ID	44906bac-c0e9-428d-8713-d2545100eae7
名称	ecs-vpc2 ✎
区域	北京四
可用区	可用区1
规格	通用入门型 | t6.small.1 | 1vCPUs | 1 GiB
镜像	CentOS 7.4 64bit | 公共镜像
虚拟私有云	VPC2

图 4-68　弹性云服务器的环境

两台弹性云服务器使用同一个安全组"sg-dev"，且安全组策略中入方向规则已经放行 ICMP，如图 4-69 所示。

优先级	策略	协议端口	类型	源地址	描述	修改时间	操作
1	允许	全部	IPv6	sg-dev	允许安全组内的...	2022/05/26 15:09...	修改|复制|删除
1	允许	全部	IPv4	sg-dev	允许安全组内的...	2022/05/26 15:09...	修改|复制|删除
1	允许	TCP:3389	IPv4	0.0.0.0/0	允许远程登录Win...	2022/05/26 15:09...	修改|复制|删除
1	允许	ICMP:全部	IPv4	0.0.0.0/0	允许ping程序测试...	2022/05/26 15:09...	修改|复制|删除
1	允许	TCP:22	IPv4	0.0.0.0/0	允许SSH远程连...	2022/05/26 15:09...	修改|复制|删除
1	允许	TCP:443	IPv4	0.0.0.0/0	允许使用HTTPS...	2022/05/26 15:09...	修改|复制|删除
1	允许	TCP:80	IPv4	0.0.0.0/0	允许使用HTTP协...	2022/05/26 15:09...	修改|复制|删除

添加规则　快速添加规则　删除　一键放通　入方向规则: 7　教我设置　　　　协议端口 ▼　请输入要询的关键字

图 4-69　安全组入方向规则

步骤 2　测试连通性

虽然两台弹性云服务器在同一个区域内，但是关联了不同的虚拟私有云，因此在默认情况下，两台弹性云服务器是无法互通的。登录 ecs-vpc1，使用 ping 命令测试其与 ecs-vpc2 的互通性，如图 4-70 所示。

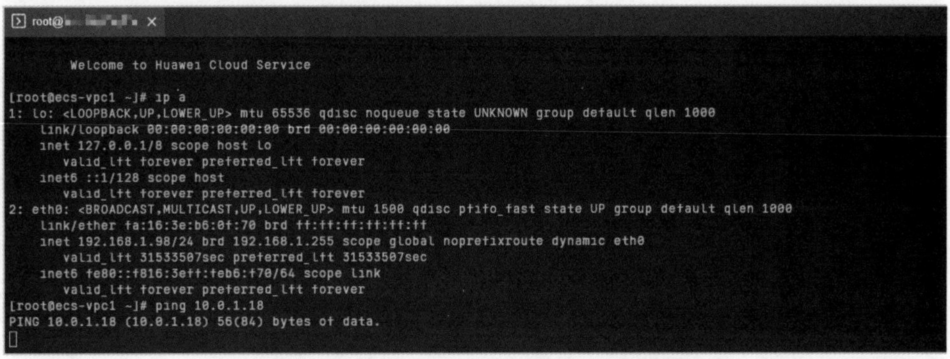

图 4-70　测试 ecs-vpc1 与 ecs-vpc2 的互通性

登录 ecs-vpc2，使用 ping 命令测试其与 ecs-vpc1 的互通性，如图 4-71 所示。

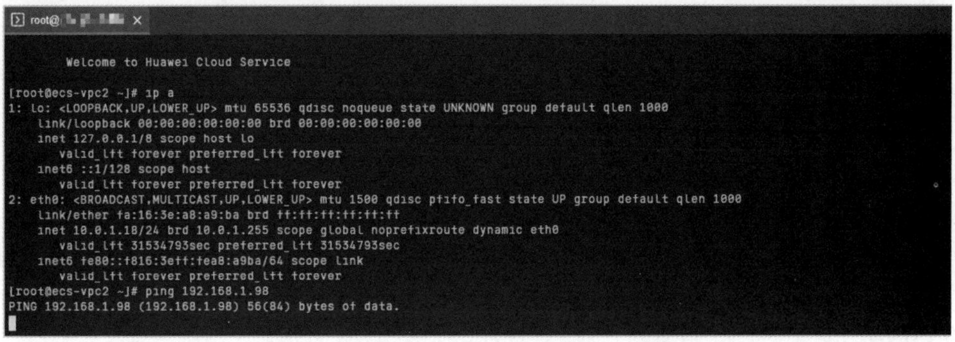

图 4-71　测试 ecs-vpc2 与 ecs-vpc1 的互通性

可以看到，两台弹性云服务器通过 ping 命令是无法 ping 通对方的。接下来创建对等连接使其互通。

步骤 3　创建对等连接

在网络控制台界面左侧菜单栏中虚拟私有云下选择"对等连接"，在对等连接界面右上角单击"创建对等连接"，如图 4-72 所示。

图 4-72　对等连接界面

在创建对等连接界面中，输入名称"peering-vpc1"，设置本端 VPC 为"VPC1"，对端 VPC 为"VPC2"，单击"确定"，如图 4-73 所示。

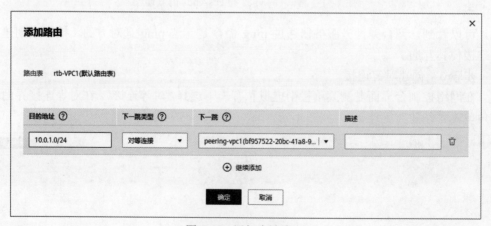

图 4-73　创建对等连接

步骤 4　添加路由

在对等连接界面，单击对等连接"peering-vpc1"，在本端路由标签下，单击"路由表"添加路由。因为本端 VPC1 的地址为 192.168.1.0/24，所以 VPC2 的目的地址为 10.0.1.0/24。设置下一跳类型为"对等连接"，如图 4-74 所示。

图 4-74　添加本端路由

我们可以看到"rtb-VPC1"路由表多了一条路由信息，如图 4-75 所示。

在对端路由标签下，单击"路由表"添加路由。因为对端 VPC2 的地址为 10.0.1.0/24，所以 VPC1 的目的地址为 192.168.1.0/24。设置下一跳类型为"对等连接"，如图 4-76 所示。

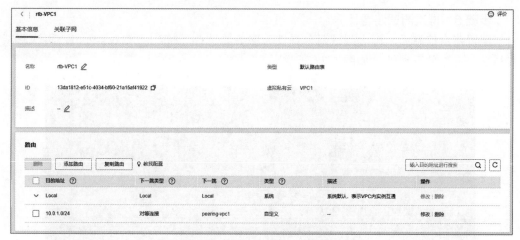

图 4-75　查看"rtb-VPC1"路由表

图 4-76　添加对端路由

我们可以看到"rtb-VPC2"路由表多了一条路由信息，如图 4-77 所示。

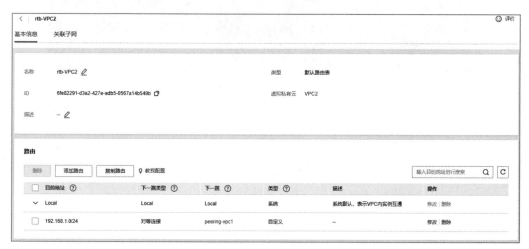

图 4-77　查看"rtb-VPC2"路由表

步骤 5 再次测试连通性

配置路由信息后，再次测试两台弹性云服务器是否互通。登录 ecs-vpc1，再次测试其与 ecs-vpc2 的互通性，如图 4-78 所示。

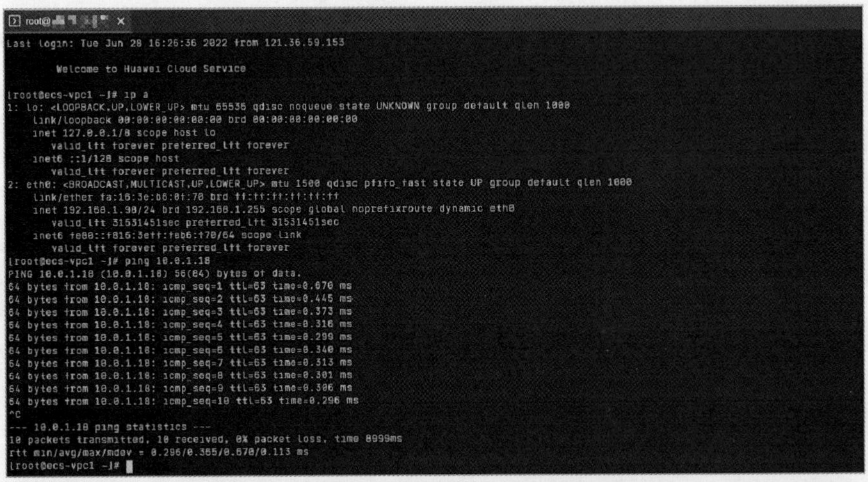

图 4-78 再次测试 ecs-vpc1 与 ecs-vpc2 的互通性

登录 ecs-vpc2，再次测试其与 ecs-vpc1 的互通性，如图 4-79 所示。

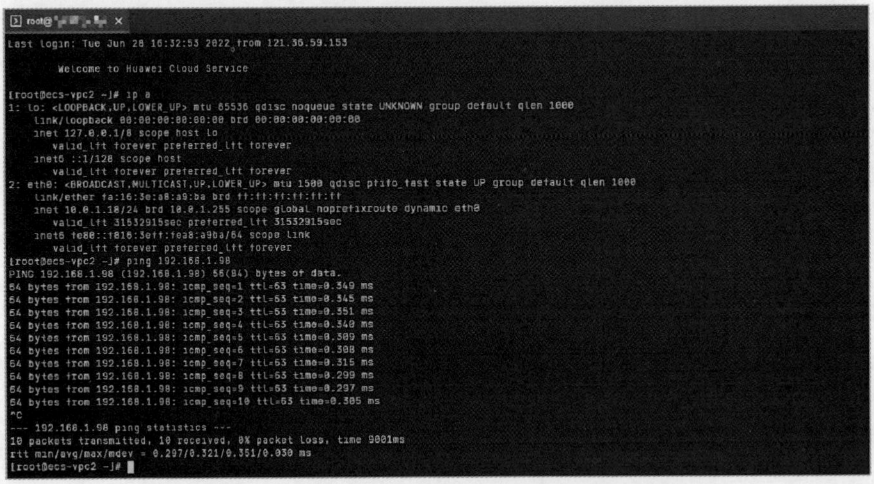

图 4-79 再次测试 ecs-vpc2 与 ecs-vpc1 的互通性

经过测试可以看到，两台弹性云服务器通过建立对等连接实现了在同一个区域内的不同 VPC 之间的网络互通。

4.4 VPN

4.4.1 VPN 简介

虚拟专用网络（VPN）用于在远端用户和虚拟私有云之间建立一条安全加密的公

网通信隧道。远端用户需要访问虚拟私有云的业务资源时，可以通过 VPN 连通虚拟私有云。

在默认情况下，在虚拟私有云中的弹性云服务器无法与本地数据中心或私有网络通信。远端用户如果需要将虚拟私有云中的弹性云服务器和本地数据中心或私有网络连通，可以启用 VPN 功能。

VPN 由 VPN 网关和 VPN 连接组成。VPN 网关提供了虚拟私有云的公网出口，与用户本地数据中心的远端网关对应。VPN 连接则通过公网加密技术，将 VPN 网关与远端网关关联，使本地数据中心与虚拟私有云通信，更快速、安全地构建混合云环境。VPN 的组成如图 4-80 所示。

图 4-80　VPN 的组成

前面提到如果弹性云服务器使用的是不同区域下的虚拟私有云子网，网络是无法互通的。下面我们尝试使用 VPN 连通两个区域中的虚拟私有云的网络。

4.4.2　VPN 的创建及配置

VPN 的创建及配置步骤如下。

步骤 1　创建虚拟私有云及弹性云服务器

"北京一""北京四"区域分别有"BJ1-VPC3""BJ4-VPC4"两个虚拟私有云，子网分别为"192.168.3.0/24"及"192.168.4.0/24"，如图 4-81 所示。

图 4-81　虚拟私有云的信息

BJ1-VPC3 和 BJ4-VPC4 两个区域分别有"ecs-bj1-vpc3"和"ecs-bj4-vpc4"两台弹性云服务器，并使用对应区域的虚拟私有云网络，如图 4-82 所示。

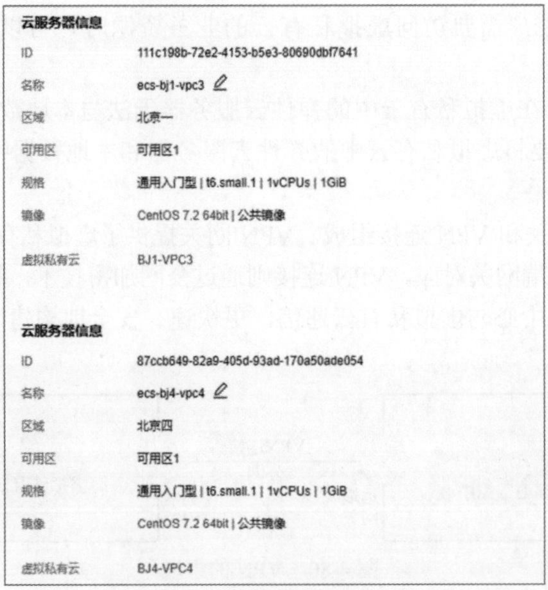

图 4-82　弹性云服务器的信息

步骤 2 测试弹性云服务器的连通性

两个区域的弹性云服务器关联了各自区域的虚拟私有云，因为跨区域的虚拟私有云网络不能互通，两台弹性云服务器无法通信。登录 ecs-bj1-vpc3，使用 ping 命令测试其与 ecs-bj4-vpc4 的互通性，如图 4-83 所示。

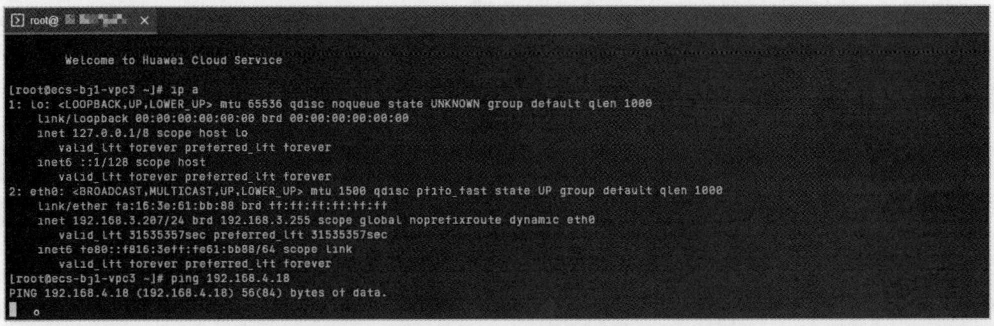

图 4-83　测试 ecs-bj1-vpc3 与 ecs-bj4-vpc4 的互通性

登录 ecs-bj4-vpc4，使用 ping 命令测试其与 ecs-bj1-vpc3 的互通性，如图 4-84 所示。

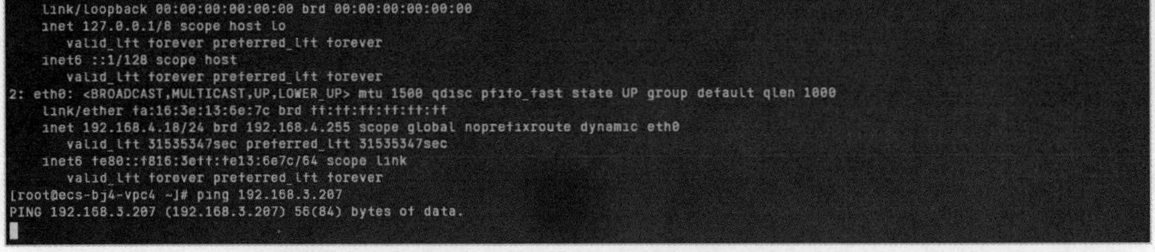

图 4-84　测试 ecs-bj4-vpc4 与 ecs-bj1-vpc3 的互通性

由测试可以看到，两台弹性云服务器通过 ping 命令无法 ping 通对方。接下来我们创建 VPN 使其互通。

步骤 3　在"华北-北京一"区域创建 VPN

在网络控制台中选择虚拟专用网络，单击"VPN 网关"，并在 VPN 网关界面右上角单击"创建 VPN 网关"，如图 4-85 所示。

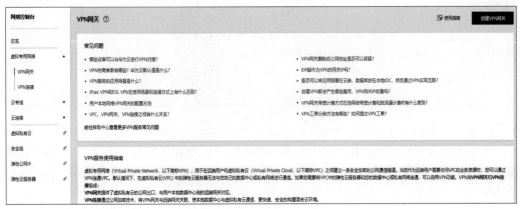

图 4-85　VPN 网关界面

设置计费模式为"按需计费"，区域为"华北-北京一"，如图 4-86 所示。

图 4-86　设置计费模式与区域 1

设置名称为"VPNBJ01"，虚拟私有云为"BJ1-VPC3"，其他保持默认，如图 4-87 所示。

图 4-87　设置名称及虚拟私有云 1

填写 VPN 连接的名称"VPNBJ01"，选择本端子网，填写远端网关（需要注意的是，目前还没有创建远端网关，所以填写临时地址继续下一步，待创建远端网关后，再次进行修改即可）和远端子网"192.168.4.0/24"，填写预共享密钥并确认密钥，如图 4-88 所示。然后单击"立即购买"。

图 4-88　填写 VPN 连接信息 1

我们可在 VPN 连接界面中看到本端网关地址，该地址将作为"华北–北京四"区域创建 VPN 的远端网关地址。因为还没有创建远端网关，所以状态显示未连接，如图 4-89 所示。

图 4-89　无法连接网关地址

步骤 4　在"华北–北京四"区域创建 VPN

和"步骤 3"一样，在网络控制台中选择虚拟专用网络，单击右上角的"创建 VPN 网关"。设置计费模式为"按需计费"，区域为"华北–北京四"，如图 4-90 所示。

图 4-90　设置计费模式与区域 2

设置名称为"VPNBJ04"，虚拟私有云为"BJ4-VPC4"，其他保持默认，如图 4-91 所示。

图 4-91　设置名称及虚拟私有云 2

设置 VPN 连接名称为"VPNBJ04",选择本端子网,填写远端网关(查看"华北-北京一"区域创建 VPN 生成的网关地址)和远端子网 192.168.3.0/24,填写预共享密钥并确认密钥,如图 4-92 所示。然后单击"立即购买"。

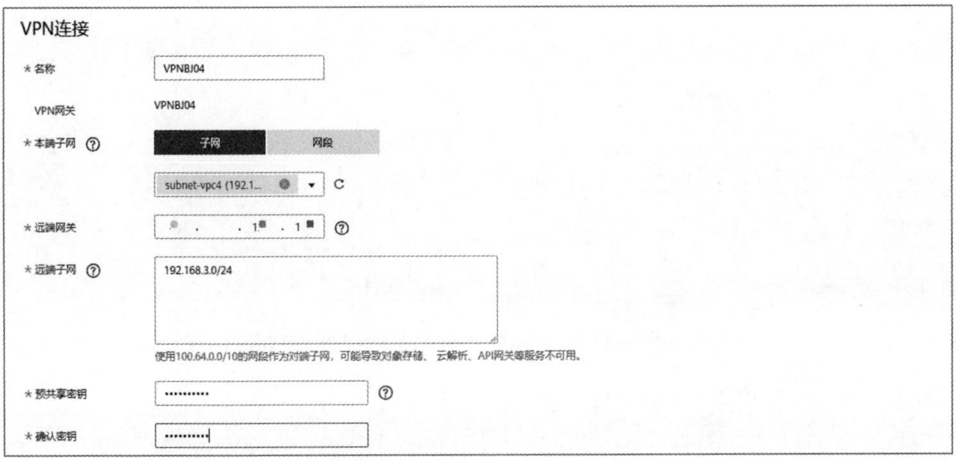

图 4-92　填写 VPN 连接信息 2

我们可在 VPN 连接界面中看到本端网关地址,如图 4-93 所示。

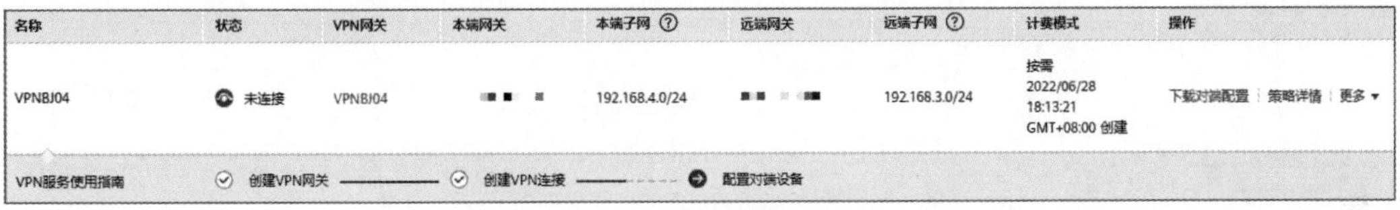

名称	状态	VPN网关	本端网关	本端子网 ⑦	远端网关	远端子网 ⑦	计费模式	操作
VPNBJ04	未连接	VPNBJ04	▪▪▪▪	192.168.4.0/24	▪▪▪ ▪	192.168.3.0/24	按需 2022/06/28 18:13:21 GMT+08:00 创建	下载对端配置 | 策略详情 | 更多 ▾
VPN服务使用指南	☑ 创建VPN网关 ——— ☑ 创建VPN连接 ——— ➤ 配置对端设备							

图 4-93　查看本端网关地址

注意:因为之前在"华北-北京一"区域创建的 VPN 是没有"远端网关"的,所以要重新回到"华北-北京一"区域,增加远端网关地址。在 VPN 界面中,找到对应的 VPN 名称并单击"修改 VPN 连接"。在弹出的界面中修改远端网关,单击"确定",如图 4-94 所示。

图 4-94　修改"华北-北京一"区域的远端网关

修改完成后，分别查看"华北-北京一"及"华北-北京四"区域 VPN 网关状态是否正常。查看"华北-北京一"VPN 网关状态，如图 4-95 所示。

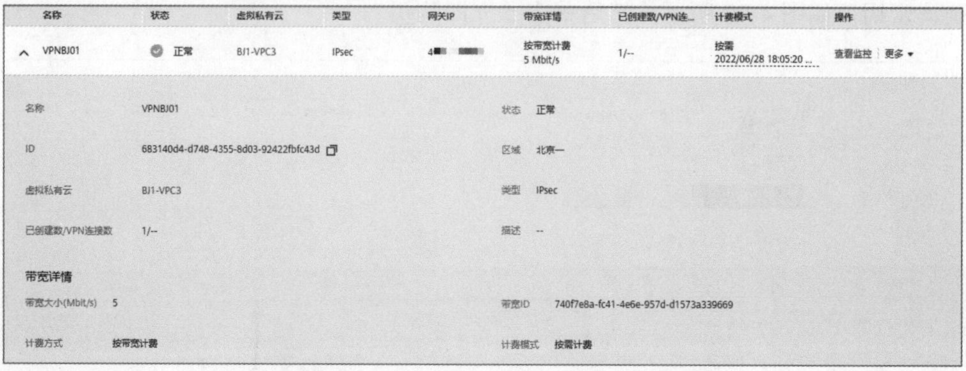

图 4-95　查看"华北-北京一"VNP 网关状态

查看"华北-北京四"VPN 网关状态，如图 4-96 所示。

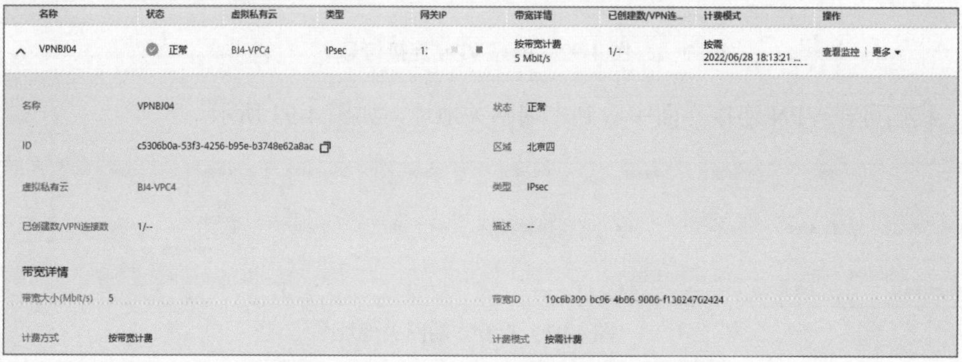

图 4-96　查看"华北-北京四"VPN 网关状态

最后，再次测试两台弹性云服务器是否互通。登录 ecs-bj1-vpc3，使用 ping 命令测试其与 ecs-bj4-vpc4 的互通性，如图 4-97 所示。

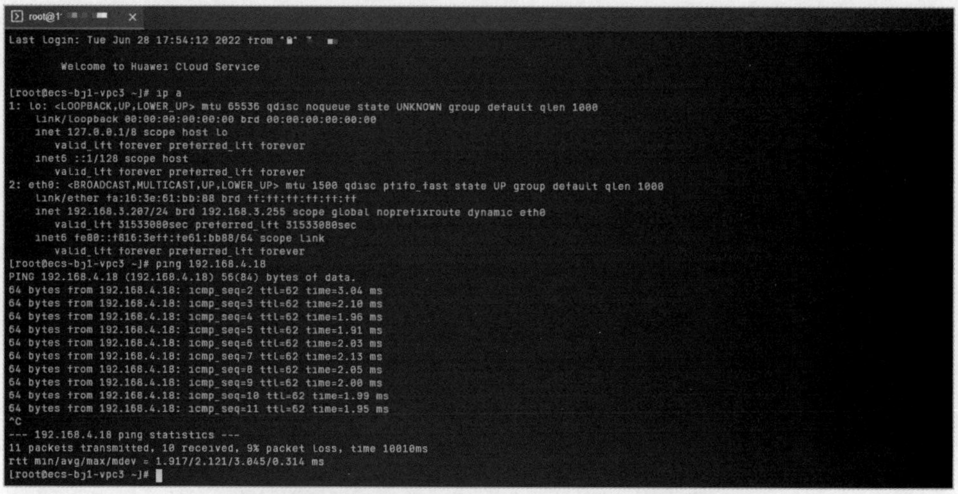

图 4-97　再次测试 ecs-bj1-vpc3 与 ecs-bj4-vpc4 的互通性

再次登录 ecs-bj4-vpc4,使用 ping 命令测试其与 ecs-bj1-vpc3 的互通性,如图 4-98 所示。

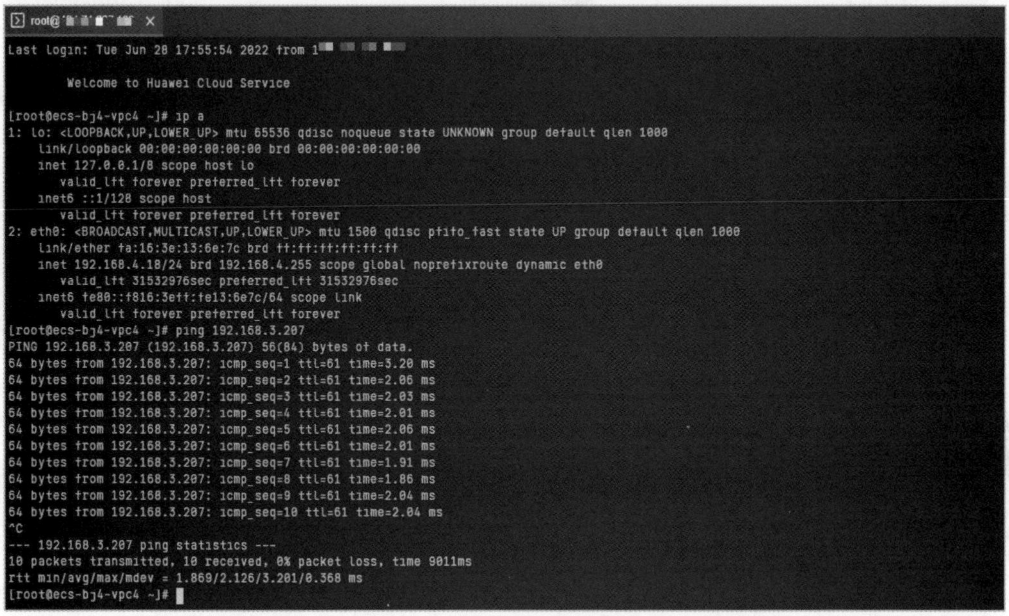

图 4-98 再次测试 ecs-bj4-vpc4 与 ecs-bj1-vpc3 的互通性

经过测试可以看到,两台弹性云服务器使用不同区域中的虚拟私有云子网,通过 VPN 实现了跨区域的网络互通。

4.5 云解析服务

我们可以把在互联网上访问某个门户网站,看作手机或计算机(客户端)访问服务器(服务端),要访问服务器就要知道服务器的 IP 地址。以 IPv4 为例,IP 地址的表现形式是将一个 32 位二进制组成的 IP 地址写成 4 段十进制数,例如"123.234.25.0"就是一个 IP 地址。知道这个地址后,客户就可以直接在浏览器上输入该 IP 地址,进行网站访问。

但是随着网站数量不断增多,对应的 IP 地址数量也不断增多,因此我们很难记住这些地址。那如何解决呢?我们可以为每一个 IP 地址取个名字,且名字唯一不可重复,这个"名字"就叫"域名"。这时通过记名字来访问网站就变得简单多了。

4.5.1 云解析服务简介

云解析服务(DNS)把人们常用的域名(如 www.example×××. com)转换成用于被计算机连接的 IP 地址(如 192.1.2.3)。用户通过云解析服务可以直接在浏览器中输入域名,访问网站或 Web 应用程序。云解析服务默认是开通的,并且用户可以免费使用。访问网站示意如图 4-99 所示。

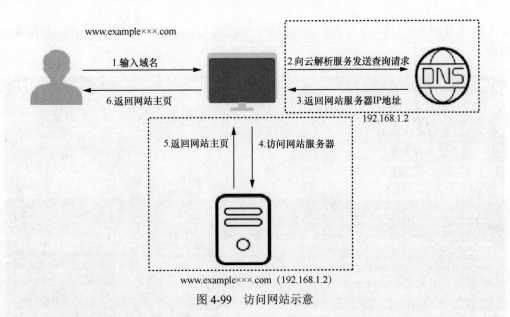

图 4-99　访问网站示意

4.5.2　云解析服务的配置

用户通过华为云注册的域名，可以直接为域名添加 A 类型记录集；通过第三方域名注册商注册的域名，需要执行"创建公网域名"操作添加云解析服务，再为域名添加 A 类型记录集。

云解析服务的配置步骤如下。

步骤 1　购买域名

由前文可知，弹性云服务器现在可以对外提供服务。用户通过弹性公网 IP 即可访问网站内容。

每次访问都输入弹性公网 IP 显然不方便，于是我们购买域名并对其进行解析（注意，需要提前对网站进行备案），便可通过域名进行访问。

在控制台界面选择"域名与网站"，单击"域名注册"，通过查询域名并选择域名，付费购买域名。域名查询界面如图 4-100 所示。

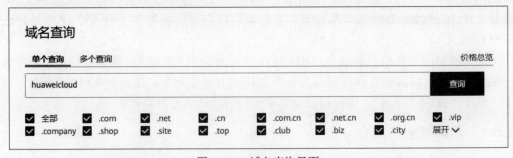

图 4-100　域名查询界面

步骤 2　添加域名

登录管理控制台，在服务列表中选择"云解析服务"进入云解析服务界面。在左边菜单栏中单击"公网域名"，并在右上角单击"创建公网域名"，如图 4-101 所示。

图 4-101 创建公网域名

在创建公网域名界面中，输入之前购买的域名，例如"example×××.com"，单击"确定"，如图 4-102 所示。

图 4-102 输入之前购买的域名

步骤 3 为域名添加 A 类型记录集

如果要实现通过域名"example×××.com"来访问网站，需要为域名"example×××.com"添加 A 类型记录集。

在公网域名界面的域名列表中的"域名"列，单击域名的名称"example×××.com"。在弹出的解析记录界面，单击"添加记录集"，如图 4-103 所示。

图 4-103 添加记录集

在添加记录集界面，根据提示为域名"example×××.com"设置 A 类型记录集的参数，如图 4-104 所示。

- 主机记录：设置为空，表示解析的域名为主域名"example×××.com"。
- 类型：设置为 A 类型记录集。
- 值：设置为网站服务器的弹性公网 IP。

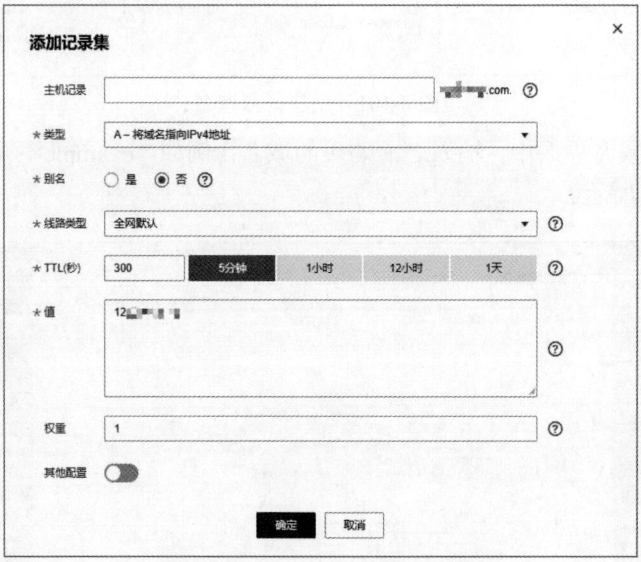

图 4-104　设置 A 类型记录集的参数

完成记录集的添加后，我们可以在域名对应的记录集列表中查看添加的记录集。记录集的状态显示"正常"，表示记录集添加成功，如图 4-105 所示。

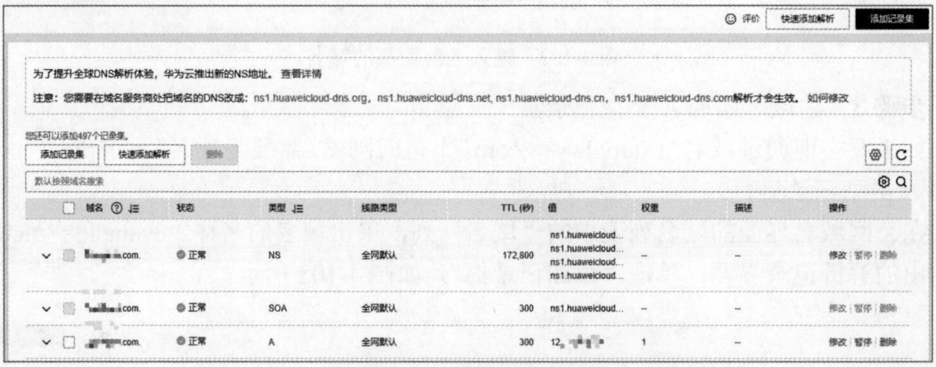

图 4-105　记录集添加成功

步骤 4　为子域名添加 A 类型记录集

用户若要通过子域名"www.example×××.com"访问网站，则需要为子域名"www.example×××.com"添加 A 类型记录集。

在公网域名界面的域名列表中的"域名"列，单击子域名的名称"www.example×××.com"。在弹出的解析记录界面，单击"添加记录集"。

在添加记录集界面，根据提示为子域名"www.example×××.com"设置 A 类型记录集参数，如图 4-106 所示。

- 主机记录：设置为"www"，表示解析的域名为子域名"www.example×××.com"。
- 类型：设置为 A 类型记录集。
- 值：设置为网站服务器的弹性公网 IP。

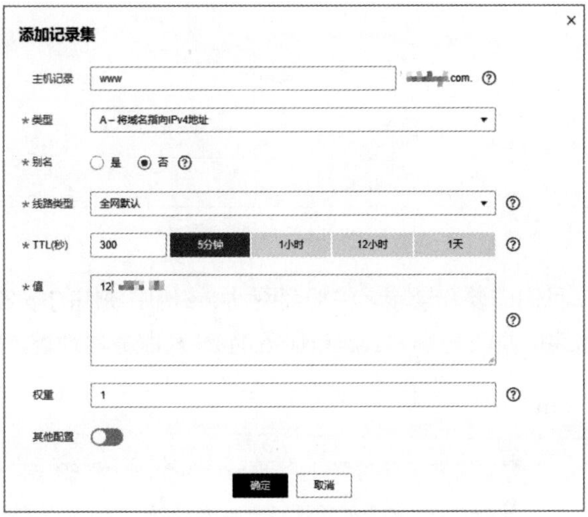

图 4-106　为子域名设置 A 类型记录集参数

添加成功后，查看记录集列表，如图 4-107 所示。

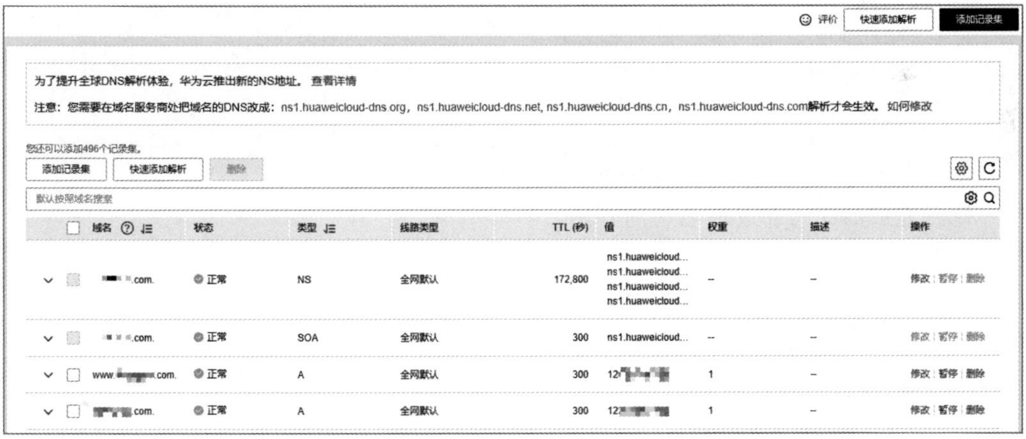

图 4-107　查看记录集列表

步骤 5　更改域名的 DNS 服务器地址

通过云解析服务创建公网域名后，系统默认生成的 NS 类型记录集的值即 DNS 服务器地址。

若域名的 DNS 服务器地址与 NS 类型记录集的值不符，则域名无法被正常解析，这时需要到域名注册商，将域名的 DNS 服务器地址修改为华为云云解析服务的 DNS 服务器地址。

在管理控制台选择"云解析服务"，进入公网域名界面。选择对应的域名名称，其对应的"值"即 DNS 服务器的域名。NS 类型记录集如图 4-108 所示。

图 4-108　NS 类型记录集

获取到记录集后，我们需要登录域名注册商网站（该例中使用的域名注册商是第三方的），将域名的 DNS 服务器地址修改为华为云解析服务的 DNS 服务器地址，如图 4-109 所示。

图 4-109　修改 DNS 服务器地址

修改完成后即可通过域名访问网站。

4.6　VPC 终端节点

4.6.1　VPC 终端节点简介

VPC 终端节点（VPCEP）具备更加灵活、安全的组网方式，能够将 VPC 私密地连接到终端节点服务（云服务、用户私有服务），使 VPC 中的云资源不需要弹性公网 IP 就能够访问终端节点服务，提高了访问效率。

对等连接实现同区域中的不同 VPC 间网络互通的前提是，两个 VPC 中不存在相同的子网。但是由于实际业务需要，如何实现在不同的 VPC 存在相同的子网时（或者在两个 VPC 间）访问特定的云服务器或特定的组件？

这时需要用到 VPC 终端节点。在两个 VPC 下分别创建终端节点服务和终端节点，并将它们关联，即可实现点到点的访问。比起 VPC 对等连接，VPC 终端节点可以对资源管理得更加精细。VPC 终端节点架构如图 4-110 所示。

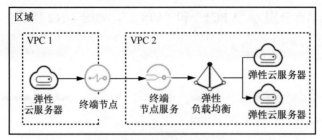

图 4-110　VPC 终端节点架构

VPC 对等连接与 VPC 终端节点的区别见表 4-1。

表 4-1　VPC 对等连接与 VPC 终端节点的区别

类别	VPC 对等连接	VPC 终端节点
安全性	VPC 内所有弹性云服务器、弹性负载均衡等均可以被访问	仅创建了终端节点服务的弹性云服务器、弹性负载均衡等可以被访问
无分类地址重叠	不支持。如果两个 VPC 之间的子网网段有重叠或者完全相同，那么建立的对等连接将无效，无法相互通信	支持。VPC 终端节点完全不受两个 VPC 子网网段重叠或者完全相同的影响，均可以正常通信
通信方向	建立对等连接的两个 VPC 支持双向通信	通过 VPC 终端节点建立连接的两个 VPC，仅支持终端节点所在 VPC 访问后端资源的指定端口
路由配置	两个 VPC 创建对等连接后，需要在两个 VPC 内分别添加对等连接路由信息，才能使两个 VPC 互通	通过 VPC 终端节点服务进行连接的两个 VPC，已为用户配置好相应的路由信息，用户自己不需要再配置
VPN/DC（云专线）访问	支持。本地数据中心可以通过 VPN 或者云专线，利用建立的对等连接访问云服务	支持。本地数据中心可以通过 VPN 或者云专线，利用建立的终端节点通过内网访问云服务
跨区域	不支持。仅支持区域内的 VPC 两两互通	支持。不同区域的跨 VPC 通信需要结合云连接服务实现

　　接下来，我们通过实验来演示 VPC 终端节点的使用情况。在当前区域"华北-北京四"有一个安全组"sg-dev"，其入方向规则如图 4-111 所示。

图 4-111　入方向规则

两个 VPC 的名称分别为"VPC1"和"VPC2",如图 4-112 所示。

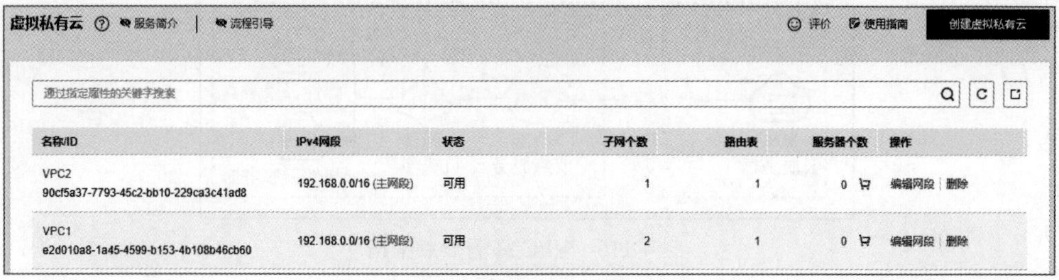

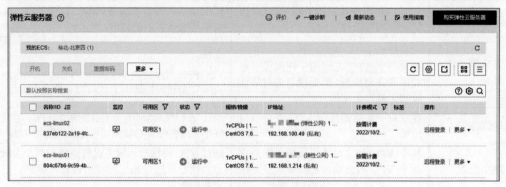

图 4-112　VPC 列表

两台弹性云服务器的名称分别为"ecs-linux01"和"ecs-linux02",IP 地址分别为"192.168.1.214"和"192.168.100.49",如图 4-113 所示。

图 4-113　弹性云服务器列表

在默认情况下,两台弹性云服务器网络不互通,因为它们使用不同的 VPC。下面我们通过创建终端节点来实现"ecs-linux01"对"ecs-linux02"的访问。

4.6.2　VPC 终端节点的配置

VPC 终端节点的配置步骤如下。

步骤 1　创建终端节点服务

在网络控制台中单击"VPC 终端节点",选择"终端节点服务",并在右上角单击"创建终端节点服务",如图 4-114 所示。

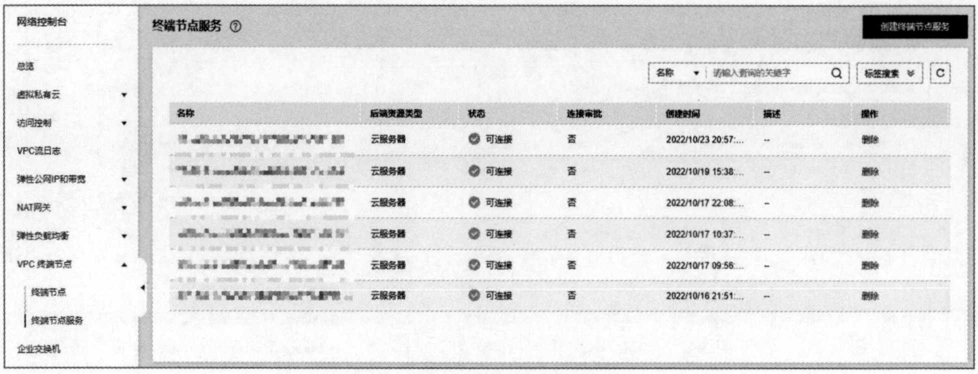

图 4-114　创建终端节点服务

设置区域为"华北-北京四"，名称为"con-vpc2"，虚拟私有云为"VPC2"，服务类型默认为"接口"。在端口映射中，设置服务端口和终端端口均为"22"。设置后端资源类型为"云服务器"，这时系统会将使用"VPC2"的所有云服务器加载到列表中，选择"ecs-linux02"，就意味着我们将在 VPC2 中为云服务器"ecs-linux02"创建一个终端节点服务，并通过 22 端口进行映射，以供其他 VPC 终端节点访问。最后单击"立即创建"，如图 4-115 所示。

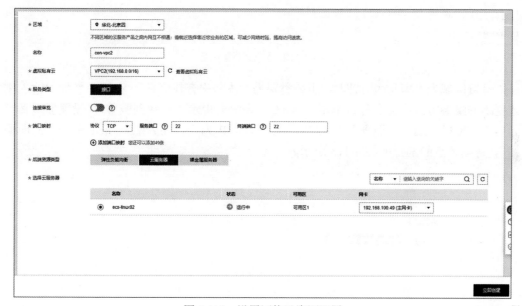

图 4-115　设置网络及资源配置

复制创建的终端节点服务名称，如图 4-116 所示。

图 4-116　复制终点节点服务名称

步骤 2　创建终端节点

创建终端节点服务后，在 VPC1 中创建终端节点，从而访问 VPC2 中的终端节点服务。在终端节点界面右上角单击"购买终端节点"，如图 4-117 所示。

图 4-117　购买终端节点

设置区域为"华北-北京四"，服务类别为"按名称查找服务"。在服务名称中输入刚才复制的终端节点服务名称，单击"验证"，系统会提示"已找到服务"。设置虚拟私有云为"VPC1"，选择云服务器对应的子网，节点 IP 为"自动分配"，最后单击"立即购买"。终端节点的配置如图 4-118 所示。

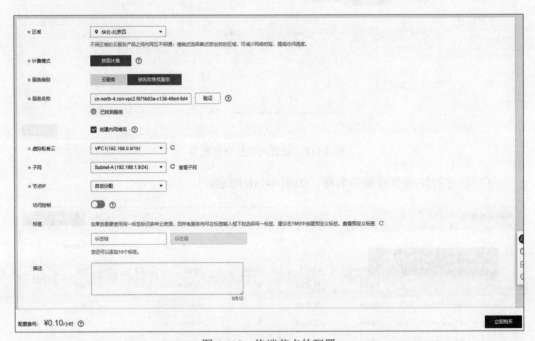

图 4-118　终端节点的配置

我们可以在终端节点列表中看到创建的终端节点，如图 4-119 所示。

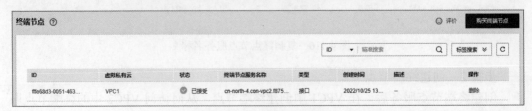

图 4-119　终端节点列表

单击 ID，进入终端节点基本信息界面，可以看到 VPC1 终端节点对应的 IP 地址为
"192.168.1.108"，如图 4-120 所示。

图 4-120　终端节点信息

步骤 3　测试连接

登录"ecs-linux01"，通过 SSH 连接"192.168.1.108"，检测其能否连接"ecs-linux02"，
如图 4-121 所示。

```
[root@ecs-linux01 ~]# ssh 192.168.1.108
The authenticity of host '192.168.1.108 (192.168.1.108)' can't be established.
ECDSA key fingerprint is SHA256:vHAR1jERBVZKnJA4Y+rR1VyVbFruOqke6TnWnJZbTds.
ECDSA key fingerprint is MD5:05:13:82:e2:62:04:f4:ea:00:77:e6:28:03:e4:92:48.
Are you sure you want to continue connecting (yes/no)? yes
Warning: Permanently added '192.168.1.108' (ECDSA) to the list of known hosts.
root@192.168.1.108's password:

        Welcome to Huawei Cloud Service

[root@ecs-linux02 ~]# ip a
1: lo: <LOOPBACK,UP,LOWER_UP> mtu 65536 qdisc noqueue state UNKNOWN group default qlen 1000
    link/loopback 00:00:00:00:00:00 brd 00:00:00:00:00:00
    inet 127.0.0.1/8 scope host lo
       valid_lft forever preferred_lft forever
    inet6 ::1/128 scope host
       valid_lft forever preferred_lft forever
2: eth0: <BROADCAST,MULTICAST,UP,LOWER_UP> mtu 1500 qdisc pfifo_fast state UP group default qlen 1000
    link/ether fa:16:3e:6a:26:f2 brd ff:ff:ff:ff:ff:ff
    inet 192.168.100.49/24 brd 192.168.100.255 scope global noprefixroute eth0
       valid_lft forever preferred_lft forever
    inet6 fe80::f816:3eff:fe6a:26f2/64 scope link
       valid_lft forever preferred_lft forever
[root@ecs-linux02 ~]#
```

图 4-121　测试连接

我们发现通过"ecs-linux01"可以连接"ecs-linux02"，这样就实现了"ecs-linux01"
对"ecs-linux02"的访问。

第5章
存储云服务

本章主要内容

　　在任何时候，有用的数据都应该被好好保存，以前我们把数据存储在计算机的本地硬盘、外接的移动硬盘或 U 盘里，而现在我们会选择把数据存储到云中，那么该如何使用存储云服务？使用存储云服务的优势是什么？本章将带领大家一起学习存储云服务。

5.1　存储业务类型

　　按照存储组网划分，存储可以被分为直接附接存储（DAS）、网络附接存储（NAS）和存储区域网（SAN），其中 SAN 又根据不同的连接方式被分为 IP-SAN 和 FC-SAN；按照存储部署形态划分，存储可以被分为集中式存储和分布式存储；按照存储业务类型划分，存储可以被分为块存储、文件存储和对象存储。本章我们按照存储业务类型分类进行讲解。

5.1.1　块存储

　　块存储指的是使用块设备（尤其是裸磁盘）进行存储的技术。所有以裸磁盘的形式映射给主机或服务器访问的存储都是块存储，如主机或服务器中的磁盘、移动硬盘、U 盘。它们只有借助上层操作系统被格式化分区后才能使用。

　　块存储的资源开销较小，效率较高，读写速度较快。但块存储成本比较高，扩展起来也很困难；采用 iSCSI/FC 协议，很难跨网络进行传输。块存储主要应用于数据库（如 Oracle）等频繁读写的业务场景。

5.1.2　文件存储

　　文件存储是在块存储之上构建文件系统，采用目录–目录–文件的方式组织数据，使数据更容易被管理。大多数应用程序都是对文件进行操作，因此文件存储更容易和应用系统对接。

　　文件存储和块存储最大的区别在于，使用块存储的文件系统是在上层应用侧，会受不同客户端操作系统的影响；而文件存储的文件系统是在存储侧，由存储侧的文件系统进行调度后，再统一对外提供服务，不会受到上层客户端操作系统的影响。NAS 存储就是一个典型的文件存储，主要用于文件的共享。

　　文件存储的文件系统因为受目录树的限制，扩展性受限，一般最多只能扩展到几十 PB。文件存储主要应用于企业内部应用整合、文件共享等场景。

5.1.3　对象存储

　　对象存储是一种新兴存储技术，具有 SAN 的高速直接访问和 NAS 的数据共享等优势。

　　对象存储是在块存储之上构建对象管理层。与文件系统相比，对象系统层是扁平的，扩展限制少，因此拥有近乎无限的扩展性。对象由唯一的对象键值、元数据和数据构成。

　　对象存储和文件存储最大的区别在于，文件存储采用的是传统目录结构的文件系统，针对目录可以进行多层级嵌套，在目录结构层级很深、文件很多的情况下，用户对文件的读写访问速度就会下降；而对象存储采用的是二层结构的文件系统，涉及桶（容器）

和对象的概念，没有像文件存储那样存在目录多层级嵌套问题。各类网盘就是典型的对象存储。你可能会问：使用网盘可以创建多层级目录，为什么说对象存储是二层结构呢？那是因为为了方便用户操作，网盘只是在上层应用表现形式上展现为文件存储结构，实际上数据的组织存储方式依然是对象存储，最终这些数据都会落在块存储上。

　　文件存储的规模会受单个文件系统支持的最大文件数量限制，存储规模没有对象存储规模大。而对象存储采用兼容标准的互联网协议接口，可以进行跨地域传输。对象存储主要用于面向互联网服务的存储场景，以及企业内部的归档、备份等不经常读写的场景。

5.2　云硬盘

5.2.1　云硬盘简介

　　云硬盘（EVS）类似计算机或物理服务器中的本地硬盘，与它们不同的是云硬盘无法单独使用，需要挂载至云服务器后使用。简单来讲，云硬盘旨在提供虚拟块存储服务，主要为弹性云服务器和裸金属服务器提供块存储空间。相对于本地硬盘，云硬盘有更高的数据可靠度、更强的 I/O 吞吐能力和更简单易用等特点，适用于文件系统、数据库，或者其他需要块存储设备的系统软件、应用。

　　创建弹性云服务器时，选择对应的镜像后，系统会自动创建一块 40GB 的系统盘，该盘为弹性云服务器的操作系统盘。镜像与系统盘如图 5-1 所示。

图 5-1　镜像与系统盘

　　也就是说，创建一台弹性云服务器，在默认情况下会创建一个系统盘。那未来的业务数据被保存在哪里呢？为了保证业务数据的完整性和安全性，我们需要为弹性云服务器单独添加云硬盘。我们可以在创建弹性云服务器时直接添加数据盘；也可以在创建弹性云服务器后，通过单独的云硬盘界面进行购买和挂载操作来添加数据盘。

5.2.2　云硬盘的使用

"华北-北京四"区域有两台弹性云服务器，名称分别为"ecs-windows"和"ecs-linux"。
下面我们将分别对两台弹性云服务器进行新增数据盘操作，以演示云硬盘的使用。弹性
云服务器列表如图 5-2 所示。

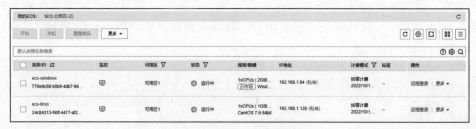

图 5-2　弹性云服务器列表

1. 在 Linux 弹性云服务器上挂载云硬盘

在 Linux 弹性云服务器上挂载云硬盘的操作步骤如下。

步骤 1　购买磁盘

在控制台服务列表界面选择"云硬盘 EVS"，进入云硬盘界面后，我们会看到磁盘
列表。因为当前区域有两台弹性云服务器，每台弹性云服务器都有一块系统盘，所以磁
盘列表会有两条记录。在列表右上角单击"购买磁盘"，如图 5-3 所示。

图 5-3　购买磁盘时的磁盘列表 1

设置计费模式为"按需计费"，区域为"华北-北京四"，可用区为"可用区 1"，如
图 5-4 所示。注意：只能将云硬盘挂载给同一个可用区的弹性云服务器，不支持跨可用
区挂载。因为"ecs-linux"和"ecs-windows"默认属于"华北-北京四"区域中的"可用
区 1"，所以只能把弹性云服务器创建在"可用区 1"中。

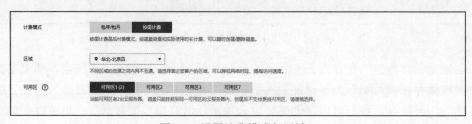

图 5-4　设置计费模式与区域 1

　　系统目前支持 3 种数据源（可选），分别是"从备份创建""从快照创建""从镜像创建"。"从备份创建"指对云硬盘进行备份后，可以通过云硬盘的备份直接创建云硬盘；"从快照创建"指对云硬盘拍摄快照后，可以通过快照来创建云硬盘；"从镜像创建"指可以通过私有镜像或共享镜像来创建云硬盘。数据源类型如图 5-5 所示。

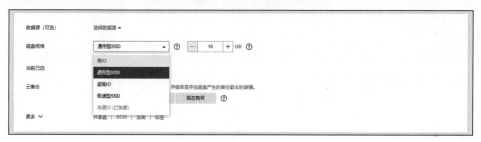

图 5-5　数据源类型

　　我们可以根据实际业务场景选择不同的磁盘规格，规格不同，读写速度不同，价格也不同。磁盘规格默认为"通用型 SSD"，如图 5-6 所示。

图 5-6　选择磁盘规格

　　设置磁盘大小为"10"，表示创建一块 10GB 的云硬盘，其他选项保持默认，如图 5-7 所示。

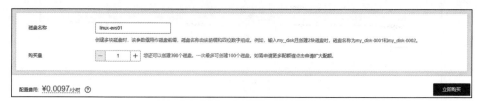

图 5-7　设置磁盘大小

　　输入磁盘名称"linux-evs01"，设置购买量为"1"，单击"立即购买"，如图 5-8 所示。

图 5-8　输入磁盘名称

确认购买信息无误后单击"提交"，如图 5-9 所示。

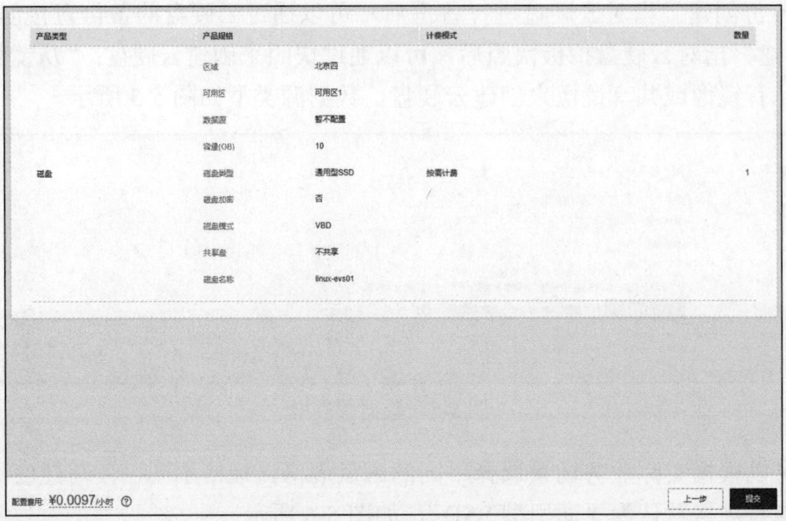

图 5-9   确认提交

步骤 2   挂载磁盘

购买磁盘后，我们需要将磁盘挂载给弹性云服务器。在磁盘列表中，单击"linux-evs01"
右边的"挂载"，如图 5-10 所示。

图 5-10   挂载磁盘时的磁盘列表

在挂载磁盘界面，选择弹性云服务器"ecs-linux"，并单击"确定"完成挂载，如图 5-11
所示。

图 5-11   挂载磁盘 1

步骤 3　初始化磁盘

登录弹性云服务器"ecs-linux"，即可通过"fdisk -l"命令看到挂载的云硬盘，如图 5-12 所示。

```
[root@ecs-linux ~]# fdisk -l

Disk /dev/vda: 42.9 GB, 42949672960 bytes, 83886080 sectors
Units = sectors of 1 * 512 = 512 bytes
Sector size (logical/physical): 512 bytes / 512 bytes
I/O size (minimum/optimal): 512 bytes / 512 bytes
Disk label type: dos
Disk identifier: 0x000aa138

   Device Boot      Start         End      Blocks   Id  System
/dev/vda1   *        2048    83886079    41942016   83  Linux

Disk /dev/vdb: 10.7 GB, 10737418240 bytes, 20971520 sectors
Units = sectors of 1 * 512 = 512 bytes
Sector size (logical/physical): 512 bytes / 512 bytes
I/O size (minimum/optimal): 512 bytes / 512 bytes

[root@ecs-linux ~]#
```

图 5-12　查看磁盘

对磁盘"/dev/vdb"进行分区，如图 5-13 所示。为了方便操作和演示，这里只对磁盘分一个分区。

```
[root@ecs-linux ~]# fdisk /dev/vdb
Welcome to fdisk (util-linux 2.23.2).

Changes will remain in memory only, until you decide to write them.
Be careful before using the write command.

Device does not contain a recognized partition table
Building a new DOS disklabel with disk identifier 0xe05b40ea.

Command (m for help): n
Partition type:
   p   primary (0 primary, 0 extended, 4 free)
   e   extended
Select (default p): p
Partition number (1-4, default 1): 1
First sector (2048-20971519, default 2048):
Using default value 2048
Last sector, +sectors or +size{K,M,G} (2048-20971519, default 20971519):
Using default value 20971519
Partition 1 of type Linux and of size 10 GiB is set

Command (m for help): w
The partition table has been altered!

Calling ioctl() to re-read partition table.
Syncing disks.
[root@ecs-linux ~]#
```

图 5-13　磁盘分区

执行"mkfs.ext4 /dev/vdb1"命令，对分区"/dev/vdb1"进行格式化操作，如图 5-14 所示。

```
[root@ecs-linux ~]# fdisk -l /dev/vdb1

Disk /dev/vdb1: 10.7 GB, 10736369664 bytes, 20969472 sectors
Units = sectors of 1 * 512 = 512 bytes
Sector size (logical/physical): 512 bytes / 512 bytes
I/O size (minimum/optimal): 512 bytes / 512 bytes

[root@ecs-linux ~]# mkfs.ext4 /dev/vdb1
mke2fs 1.42.9 (28-Dec-2013)
Filesystem label=
OS type: Linux
Block size=4096 (log=2)
Fragment size=4096 (log=2)
Stride=0 blocks, Stripe width=0 blocks
655360 inodes, 2621184 blocks
131059 blocks (5.00%) reserved for the super user
First data block=0
Maximum filesystem blocks=2151677952
80 block groups
32768 blocks per group, 32768 fragments per group
8192 inodes per group
Superblock backups stored on blocks:
        32768, 98304, 163840, 229376, 294912, 819200, 884736, 1605632

Allocating group tables: done
Writing inode tables: done
Creating journal (32768 blocks): done
Writing superblocks and filesystem accounting information: done

[root@ecs-linux ~]#
```

图 5-14　格式化分区

步骤 4　创建目录并挂载

格式化分区后，创建目录并将分区挂载。最后通过"df -Th"命令查看磁盘分区情况。挂载目录如图 5-15 所示。

```
[root@ecs-linux ~]# mkdir /evs01
[root@ecs-linux ~]# mount /dev/vdb1 /evs01/
[root@ecs-linux ~]# df -Th
Filesystem      Type      Size  Used Avail Use% Mounted on
devtmpfs        devtmpfs  486M     0  486M   0% /dev
tmpfs           tmpfs     496M     0  496M   0% /dev/shm
tmpfs           tmpfs     496M  6.8M  489M   2% /run
tmpfs           tmpfs     496M     0  496M   0% /sys/fs/cgroup
/dev/vda1       ext4       40G  2.2G   36G   6% /
tmpfs           tmpfs     100M     0  100M   0% /run/user/0
/dev/vdb1       ext4      9.8G   37M  9.2G   1% /evs01
[root@ecs-linux ~]#
```

图 5-15　挂载目录

进入"/evs01/"目录，创建测试文件，如图 5-16 所示。至此，Linux 挂载云硬盘的操作完成。

```
[root@ecs-linux ~]# cd /evs01/
[root@ecs-linux evs01]# touch {a,b,c}{1,2,3}.txt
[root@ecs-linux evs01]# ll
total 16
-rw-r--r-- 1 root root     0 Oct 19 16:21 a1.txt
-rw-r--r-- 1 root root     0 Oct 19 16:21 a2.txt
-rw-r--r-- 1 root root     0 Oct 19 16:21 a3.txt
-rw-r--r-- 1 root root     0 Oct 19 16:21 b1.txt
-rw-r--r-- 1 root root     0 Oct 19 16:21 b2.txt
-rw-r--r-- 1 root root     0 Oct 19 16:21 b3.txt
-rw-r--r-- 1 root root     0 Oct 19 16:21 c1.txt
-rw-r--r-- 1 root root     0 Oct 19 16:21 c2.txt
-rw-r--r-- 1 root root     0 Oct 19 16:21 c3.txt
drwx------ 2 root root 16384 Oct 19 16:19 lost+found
[root@ecs-linux evs01]#
```

图 5-16　创建测试文件

2. 从 Linux 弹性云服务器上卸载云硬盘

从 Linux 弹性云服务器上卸载云硬盘的步骤如下。

进入弹性云服务器，执行"umount /evs01/"命令进行卸载。卸载目录如图 5-17 所示。

```
[root@ecs-linux ~]# df -Th
Filesystem      Type      Size  Used Avail Use% Mounted on
devtmpfs        devtmpfs  486M     0  486M   0% /dev
tmpfs           tmpfs     496M     0  496M   0% /dev/shm
tmpfs           tmpfs     496M  6.8M  489M   2% /run
tmpfs           tmpfs     496M     0  496M   0% /sys/fs/cgroup
/dev/vda1       ext4       40G  2.2G   36G   6% /
tmpfs           tmpfs     100M     0  100M   0% /run/user/0
/dev/vdb1       ext4      9.8G   37M  9.2G   1% /evs01
[root@ecs-linux ~]# umount /evs01/
[root@ecs-linux ~]#
```

图 5-17　卸载目录

在云硬盘磁盘列表界面中，在"linux-evs01"右边单击"更多"，选择"卸载"，如图 5-18 所示。

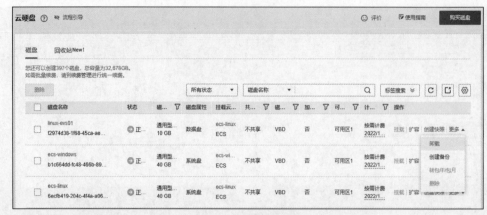

图 5-18　卸载磁盘 1

在卸载磁盘界面中，单击"是"完成磁盘卸载，如图 5-19 所示。

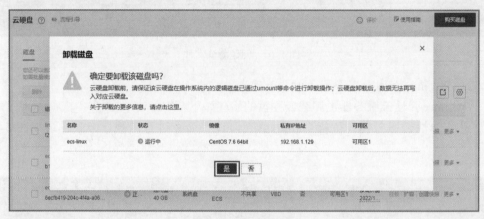

图 5-19　确认卸载 1

后续"linux-evs01"依然可以被 Linux 挂载。因为之前已完成格式化分区操作，所以后续该云硬盘可以直接挂载使用，之前在云硬盘中创建的文件会依然存在。如果确定不再需要使用该云硬盘，可以选择"删除"，如图 5-20 所示。

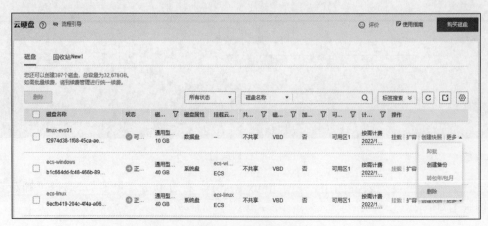

图 5-20　删除磁盘 1

3. 在 Windows 弹性云服务器上挂载云硬盘

在 Windows 弹性云服务器上挂载云硬盘的操作步骤如下。

步骤 1　购买磁盘

在云硬盘磁盘列表的右上角单击"购买磁盘",如图 5-21 所示。

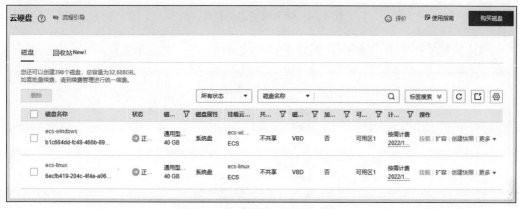

图 5-21　购买磁盘时的磁盘列表 2

设置计费模式为"按需计费",区域为"华北-北京四",可用区为"可用区 1",如图 5-22 所示。

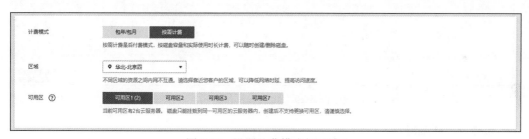

图 5-22　设置计费模式与区域 2

设置磁盘规格为"通用型 SSD",磁盘大小为"15"GB,其他选项保持默认,如图 5-23 所示。

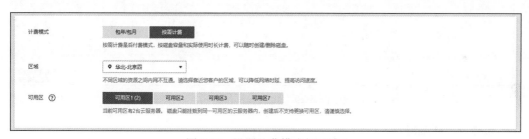

图 5-23　设置磁盘规格和大小

输入磁盘名称"windows-evs01",设置购买量为"1",单击"立即购买",如图 5-24 所示。

磁盘名称	windows-evs01
	创建多块磁盘时，该参数值用作磁盘前缀，磁盘名称由该前缀和四位数字组成。例如，输入my_disk且创建2块磁盘时，磁盘名称为my_disk-0001和my_disk-0002。
购买量	— 1 + 您还可以创建398个磁盘。一次最多可创建100个磁盘，如需申请更多配额请点击申请扩大配额。

配置费用：¥0.0146/小时 ⑦   立即购买

图 5-24   输入磁盘名称和购买量

确认信息后，单击"提交"，如图 5-25 所示。

产品类型	产品规格		计费模式	数量
	区域	北京四		
	可用区	可用区1		
	数据源	暂不配置		
	容量(GB)	15		
磁盘	磁盘类型	通用型SSD	按需计费	1
	磁盘加密	否		
	磁盘模式	VBD		
	共享盘	不共享		
	磁盘名称	windows-evs01		

配置费用：¥0.0146/小时 ⑦   上一步   提交

图 5-25   确认信息并提交

步骤 2   挂载磁盘

购买磁盘后，需要将磁盘挂载给弹性云服务器。在磁盘列表中，单击"windows-evs01"右边的"挂载"，如图 5-26 所示。

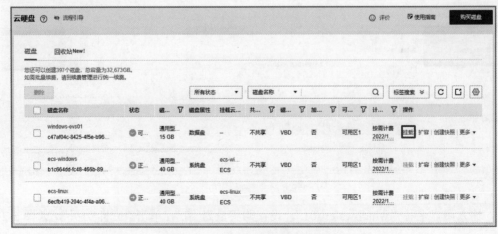

图 5-26   挂载磁盘时的磁盘列表

在挂载磁盘界面，选择弹性云服务器"ecs-windows"，并单击"确定"完成挂载，如图 5-27 所示。

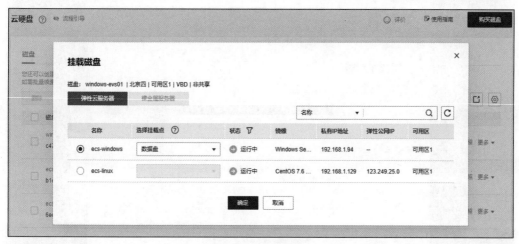

图 5-27 挂载磁盘 2

步骤 3 初始化磁盘

登录弹性云服务器"ecs-windows"，在服务器管理器的文件和存储服务中选择"磁盘"，并单击鼠标右键，在快捷菜单中选择"重新扫描存储"，如图 5-28 所示。

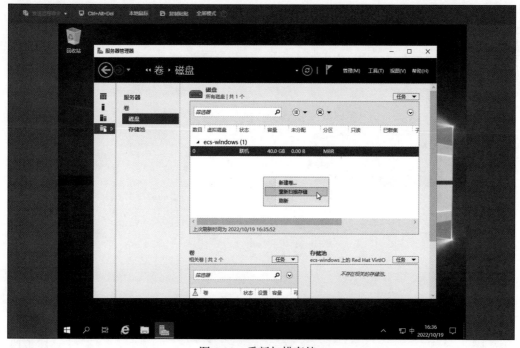

图 5-28 重新扫描存储 1

扫描后，列表会出现挂载的 15.0GB 的磁盘，在该磁盘上单击鼠标右键，在快捷菜单中选择"新建卷"进行分区操作，如图 5-29 所示。

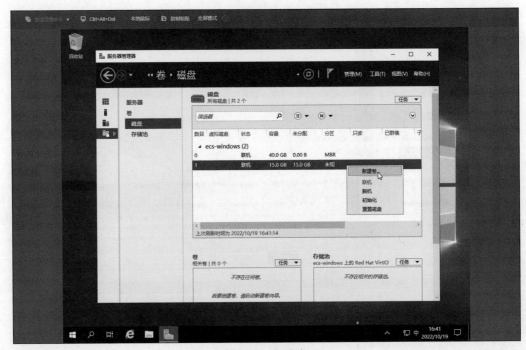

图 5-29　新建卷

在新建卷向导界面，所有选项都保持默认，单击"创建"，如图 5-30 所示。

图 5-30　新建卷向导界面

格式化分区后，单击"关闭"，如图 5-31 所示。

图 5-31　格式化分区

打开文件资源管理器，我们可以看到 14.9GB 的"新建卷（D:）"，此即刚挂载购买的 15GB 硬盘（因为系统文件会占用硬盘的一些空间，所以分区显示的总容量与扩展的容量存在差异，这是正常现象），如图 5-32 所示。至此，Windows 挂载云硬盘操作完成。

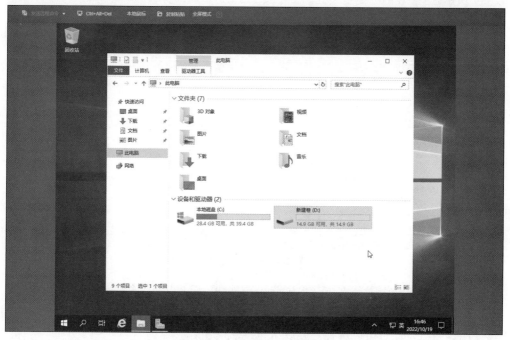

图 5-32　打开文件资源管理器

4. 从 Windows 弹性云服务器上卸载云硬盘

从 Windows 弹性云服务器上卸载云硬盘的步骤如下。

进入弹性云服务器，在服务器管理器的文件和存储服务中选择"磁盘"，在磁盘列表中选择对应的磁盘，并单击鼠标右键，在快捷菜单中选择"脱机"，如图 5-33 所示。

图 5-33　磁盘脱机

在云硬盘磁盘列表界面，选择"windows-evs01"，单击"更多"，选择"卸载"，如图 5-34 所示。

图 5-34　卸载磁盘 2

在卸载磁盘界面中，单击"是"完成磁盘卸载，如图 5-35 所示。

后续"windows-evs01"依然可以被 Windows 弹性云服务器挂载并使用。如果确定不再使用该磁盘，此时可以选择"删除"，如图 5-36 所示。

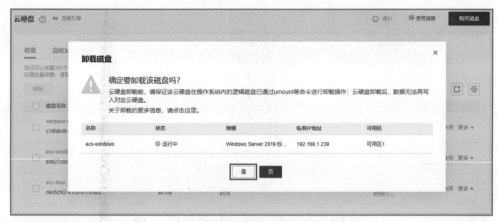

图 5-35　确认卸载 2

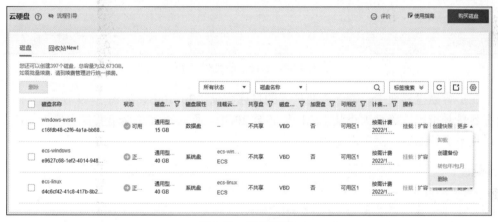

图 5-36　删除磁盘 2

5.2.3　云硬盘的扩容

如果我们在使用云硬盘的过程中发现空间不够了，该如何扩容呢？下面进行详细介绍。

1. 在 Linux 弹性云服务器上扩容云硬盘

前文在 Linux 弹性云服务器上挂载了 10GB 的云硬盘，现在系统目录 "/evs01" 对应的磁盘空间已使用 "88%"，即将面临空间不足的问题，如图 5-37 所示。

```
[root@ecs-linux ~]# df -Th
Filesystem     Type      Size  Used Avail Use% Mounted on
devtmpfs       devtmpfs  486M     0  486M   0% /dev
tmpfs          tmpfs     496M     0  496M   0% /dev/shm
tmpfs          tmpfs     496M  6.8M  489M   2% /run
tmpfs          tmpfs     496M     0  496M   0% /sys/fs/cgroup
/dev/vda1      ext4       40G  2.2G   36G   6% /
tmpfs          tmpfs     100M     0  100M   0% /run/user/0
/dev/vdb1      ext4      9.8G  8.1G  1.2G  88% /evs01
[root@ecs-linux ~]#
```

图 5-37　磁盘空间即将不足

现在针对该目录对应的云硬盘进行扩容操作，步骤如下。

步骤 1　扩容磁盘

在云硬盘磁盘列表界面中，单击对应的磁盘名称"linux-evs01"右边的"扩容"，如图 5-38 所示。

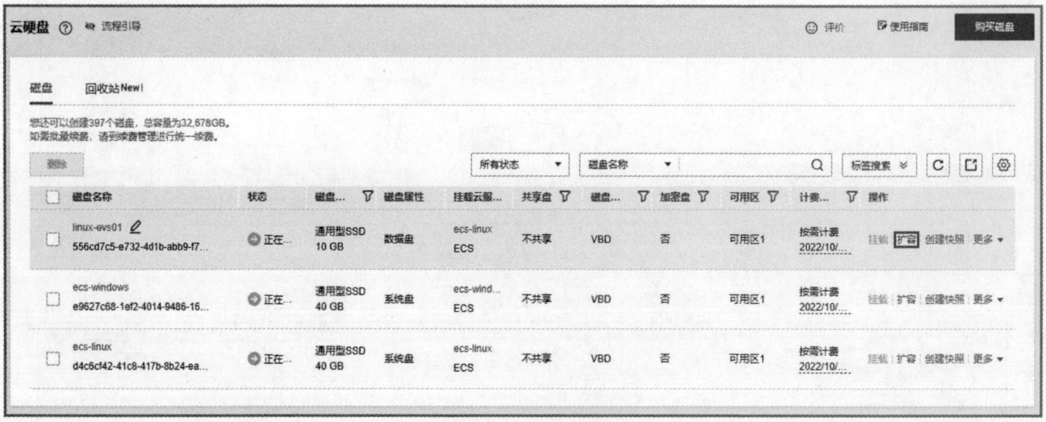

图 5-38　云硬盘磁盘列表 1

在扩容磁盘界面中，输入需要扩容的目标容量"20"GB，如图 5-39 所示。注意：目标容量是指把原磁盘大小从 10GB 扩容至 20GB，而不是在原磁盘基础上增加 20GB，且磁盘不支持缩容。然后单击"下一步"。

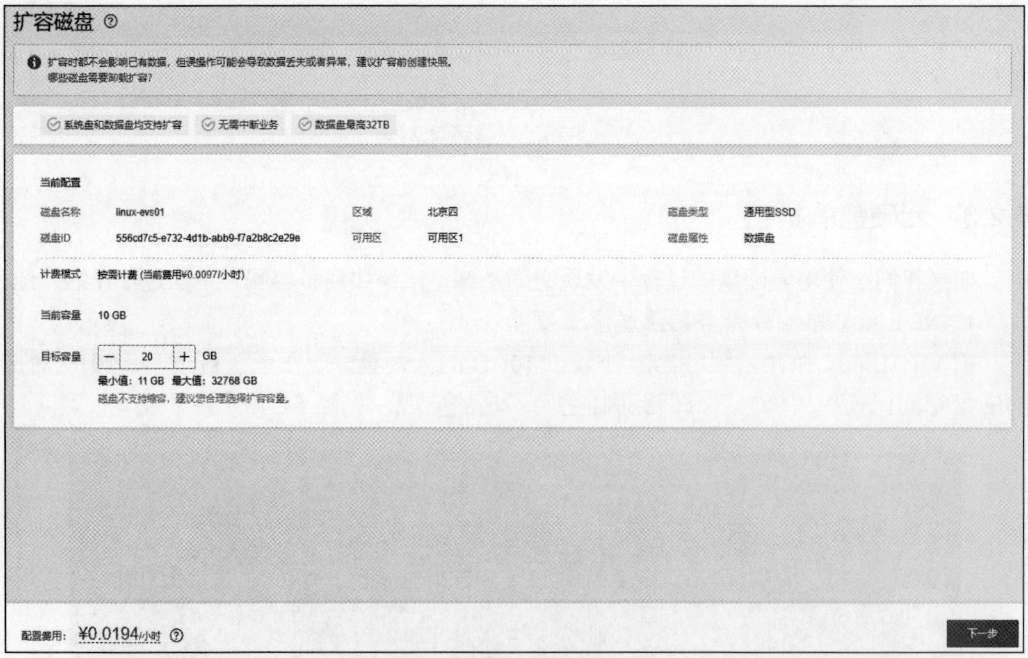

图 5-39　输入目标容量 1

在扩容须知界面中，单击"我已阅读，继续扩容"，如图 5-40 所示。

确认无误后，单击"提交订单"，如图 5-41 所示。

图 5-40　扩容须知界面 1

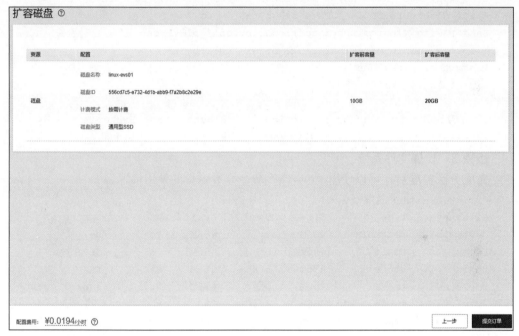

图 5-41　提交订单 1

步骤 2　扩展分区

登录 Linux 弹性云服务器，使用 "fdisk -l" 命令查看磁盘列表。

```
[root@ecs-linux ~]# fdisk -l /dev/vdb

Disk /dev/vdb: 21.5 GB, 21474836480 bytes, 41943040 sectors
Units = sectors of 1 * 512 = 512 bytes
Sector size (logical/physical): 512 bytes / 512 bytes
I/O size (minimum/optimal): 512 bytes / 512 bytes
Disk label type: dos
Disk identifier: 0x5b3d47fa

   Device Boot      Start         End      Blocks   Id  System
/dev/vdb1            2048    20971519    10484736   83  Linux
```

这时我们会发现，磁盘 "/dev/vdb" 的空间已经被扩成 20GB，但是对应的 "/dev/vdb1"

分区 "Blocks" 的大小依然是 10GB。这是因为新增的磁盘空间默认还没有被扩充到分区，因此需要通过 "growpart" 命令进行分区扩展。

```
[root@ecs-linux ~]# growpart /dev/vdb1
 CHANGED: partition=1 start=2048 old: size=20969472 end=20971520 new:
size=41940959 end=41943007
```

完成分区扩展后，再次通过 "fdisk -1" 命令查看磁盘列表，即可看到对应的分区空间也变成了 20GB。

```
[root@ecs-linux ~]# fdisk -1 /dev/vdb

Disk /dev/vdb: 21.5 GB, 21474836480 bytes, 41943040 sectors
Units = sectors of 1 * 512 = 512 bytes
Sector size (logical/physical): 512 bytes / 512 bytes
I/O size (minimum/optimal): 512 bytes / 512 bytes
Disk label type: dos
Disk identifier: 0x5b3d47fa

   Device Boot      Start         End      Blocks   Id  System
/dev/vdb1            2048    41943006    20970479+  83  Linux
```

步骤 3　扩展文件系统

完成分区扩展后，可以使用 "df -Th" 命令查看磁盘的使用情况。

```
[root@ecs-linux ~]# df -Th
Filesystem     Type       Size    Used    Avail   Use%    Mounted on
devtmpfs       devtmpfs   486M    0       486M    0%      /dev
tmpfs          tmpfs      496M    0       496M    0%      /dev/shm
tmpfs          tmpfs      496M    6.8M    489M    2%      /run
tmpfs          tmpfs      496M    0       496M    0%      /sys/fs/cgroup
/dev/vda1      ext4       40G     2.2G    36G     6%      /
tmpfs          tmpfs      100M    0       100M    0%      /run/user/0
/dev/vdb1      ext4       9.8G    8.1G    1.2G    88%     /evs01
```

上一步 "/dev/vdb1" 分区明明有 20GB 的空间，为什么这里却依然显示 10GB 的空间呢？因为虽然分区扩展了，但是分区对应的文件系统大小没有被更新重置。这里 "/dev/vdb1" 使用的分区类型为 "ext4"，对应的重置命令为 "resize2fs"；如果使用的分区类型为 "xfs"，则对应的命令为 "xfs_growfs"。下面针对 "/dev/vdb1" 对应的文件系统大小进行更新重置。

```
[root@ecs-linux ~]# resize2fs /dev/vdb1
resize2fs 1.42.9 (28-Dec-2013)
Filesystem at /dev/vdb1 is mounted on /evs01; on-line resizing required
old_desc_blocks = 2, new_desc_blocks = 3
The filesystem on /dev/vdb1 is now 5242619 blocks long.
```

再次执行 "df -Th" 命令查看磁盘的使用情况。我们可以发现目录 "/dev/vdb1" 对应的空间变成了 20GB。

```
[root@ecs-linux ~]# df -Th
Filesystem        Type         Size      Used     Avail    Use%   Mounted on
```

devtmpfs	devtmpfs	486M	0	486M	0%	/dev
tmpfs	tmpfs	496M	0	496M	0%	/dev/shm
tmpfs	tmpfs	496M	6.8M	489M	2%	/run
tmpfs	tmpfs	496M	0	496M	0%	/sys/fs/cgroup
/dev/vda1	ext4	40G	2.2G	36G	6%	/
tmpfs	tmpfs	100M	0	100M	0%	/run/user/0
/dev/vdb1	ext4	20G	8.1G	11G	44%	/evs01

2. 在 Windows 弹性云服务器上扩容云硬盘

在 Windows 弹性云服务器上扩容云硬盘的步骤如下。

步骤 1　扩容磁盘

在云硬盘磁盘列表界面中，单击对应的磁盘名称"windows-evs01"右边的"扩容"，如图 5-42 所示。

图 5-42　云硬盘磁盘列表 2

在扩容磁盘界面中，输入需要扩容的目标容量"30"GB，单击"下一步"，如图 5-43 所示。

图 5-43　输入目标容量 2

在扩容须知界面中，单击"我已阅读，继续扩容"，如图 5-44 所示。

图 5-44　扩容须知界面 2

确认无误后，单击"提交订单"，如图 5-45 所示。

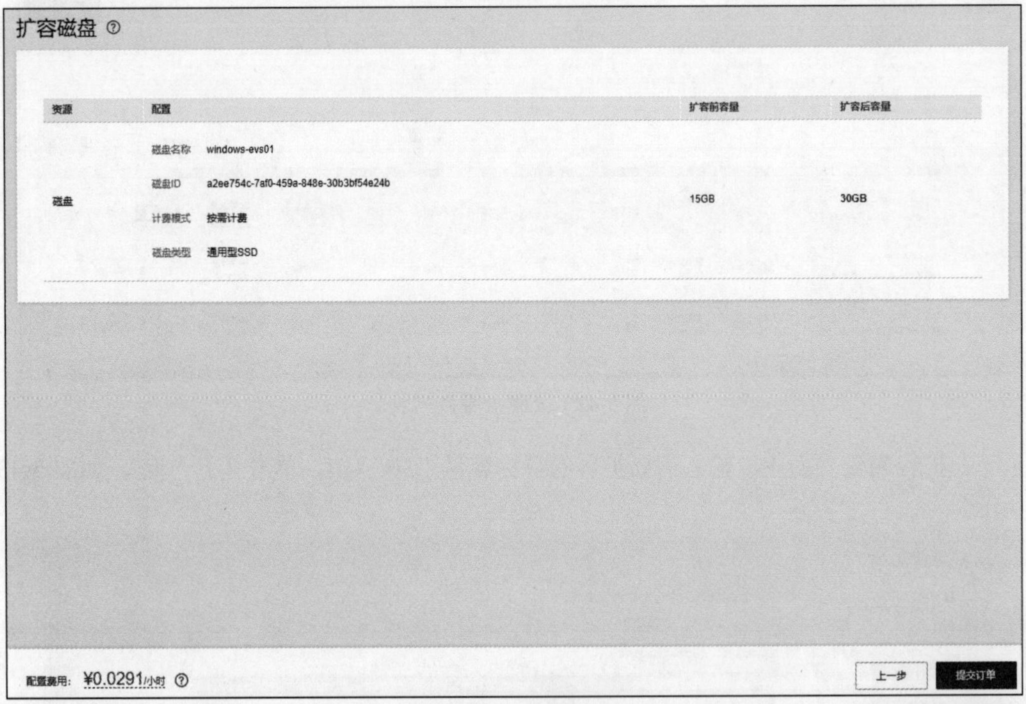

图 5-45　提交订单 2

步骤 2　扩展分区

登录 Windows 弹性云服务器，在服务器管理器的文件和存储服务中选择"磁盘"，并单击鼠标右键，在快捷菜单中选择"重新扫描存储"，如图 5-46 所示。

扫描后，我们可以看到磁盘容量变为"30.0GB"，未分配为"15.0GB"，如图 5-47所示。

在左边菜单栏中单击"卷"，在"D 盘"上单击鼠标右键，在快捷菜单中单击"扩展卷"，如图 5-48 所示。

在扩展卷界面新大小一栏中输入"30"，表示将该卷扩展至 30GB，单击"确定"，如图 5-49 所示。

图 5-46 重新扫描存储 2

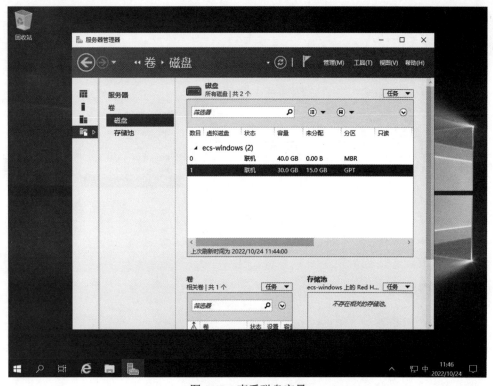

图 5-47 查看磁盘容量

图 5-48　扩展卷

图 5-49　设置扩展卷大小

查看设备和驱动器，发现"新建卷（D:）"已经被扩展至 30GB，如图 5-50 所示。至此完成云硬盘的扩容。

图 5-50 查看设备和驱动器

5.2.4 大容量云硬盘的使用

之前我们创建的磁盘及分区的空间都比较小，真正的生产业务数据量往往比较大，甚至超过 TB 级别，如果我们使用默认的磁盘分区模式，可能会出现不支持大容量分区的操作，那么如何解决呢？下面我们先了解磁盘分区模式。

磁盘分区模式有两种：主引导记录（MBR）和全局唯一标识分区表（GPT）。

在 MBR 模式下，一个分区最大可支持 2.2TB 大小，如果超过 2.2TB 则无法使用该分区。而且单盘最多可以创建 4 个主分区，超过 4 个主分区则需要配合扩展分区使用，然后在扩展分区中创建逻辑驱动器，以创建更多的分区。

但是现在计算机技术突飞猛进，2.2TB 甚至大于 2.2TB 的磁盘在生产环境中已经很常见了，因此 MBR 模式不再满足现在的业务场景需求。如果要创建大于 2.2TB 的分区，则必须将磁盘模式更改为 GPT。接下来通过实验来演示如何在 Linux 和 Windows 弹性云服务器中使用大容量云硬盘。

1. 在 Linux 弹性云服务器上使用大容量云硬盘

在云硬盘界面中，购买一块 3072GB 的磁盘"linux-disk3t"，并将其挂载给 Linux 弹性云服务器，如图 5-51 所示。

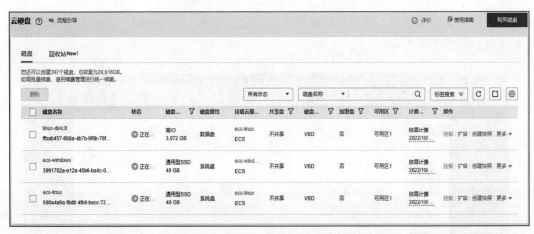

图 5-51　购买磁盘"linux-disk3t"

现在针对该磁盘创建一个 **3TB** 的分区，具体操作步骤如下。

步骤 1　安装工具包

查看当前磁盘列表，命令如下。

```
[root@ecs-linux ~]# fdisk -l /dev/vdb

Disk /dev/vdb: 3298.5 GB, 3298534883328 bytes, 6442450944 sectors
Units = sectors of 1 * 512 = 512 bytes
Sector size (logical/physical): 512 bytes / 512 bytes
I/O size (minimum/optimal): 512 bytes / 512 bytes
```

因为购买的 Linux（CentOS 7.6）弹性云服务器默认采用在线 yum 源，且绑定了弹性公网 IP，所以我们可以直接使用在线 yum 源安装 gdisk 工具包。

```
[root@ecs-linux ~]# yum install gdisk
```

步骤 2　磁盘分区

使用"gdisk"命令进行磁盘分区。

```
[root@ecs-linux ~]# gdisk /dev/vdb
GPT fdisk (gdisk) version 0.8.10

Partition table scan:
  MBR: not present
  BSD: not present
  APM: not present
  GPT: not present

Creating new GPT entries

Command (? for help): n
Partition number (1-128, default 1): 1
First sector (34-6442450910, default = 2048) or {+-}size{KMGTP}:
Last sector (2048-6442450910, default = 6442450910) or {+-}size{KMGTP}:
```

```
Current type is 'Linux filesystem'
Hex code or GUID (L to show codes, Enter = 8300):
Changed type of partition to 'Linux filesystem'

Command (? for help): p
Disk /dev/vdb: 6442450944 sectors, 3.0 TiB
Logical sector size: 512 bytes
Disk identifier (GUID): 73B72F5B-3F61-4593-841D-8471F9CFFFDF
Partition table holds up to 128 entries
First usable sector is 34, last usable sector is 6442450910
Partitions will be aligned on 2048-sector boundaries
Total free space is 2014 sectors (1007.0 KiB)

Number  Start (sector)  End (sector)  Size     Code   Name
   1    2048            6442450910    3.0 TiB  8300   Linux filesystem

Command (? for help): w

Final checks complete. About to write GPT data. THIS WILL OVERWRITE EXISTING
PARTITIONS!!

Do you want to proceed? (Y/N): Y
OK; writing new GUID partition table (GPT) to /dev/vdb
The operation has completed successfully.
```

再次查看当前磁盘列表及分区情况，可以看到分出了一个 3TB 的磁盘分区。

```
[root@ecs-linux ~]# fdisk -l /dev/vdb
WARNING: fdisk GPT support is currently new, and therefore in an experimental
phase. Use at your own discretion.

Disk /dev/vdb: 3298.5 GB, 3298534883328 bytes, 6442450944 sectors
Units = sectors of 1 * 512 = 512 bytes
Sector size (logical/physical): 512 bytes / 512 bytes
I/O size (minimum/optimal): 512 bytes / 512 bytes
Disk label type: gpt
Disk identifier: 73B72F5B-3F61-4593-841D-8471F9CFFFDF


#     Start   End         Size   Type             Name
1     2048    6442450910  3T     Linux filesyste  Linux filesystem
```

最后，在 Linux 系统中创建磁盘目录并进行挂载使用。

2. 在 Windows 弹性云服务器上使用大容量云硬盘

在云硬盘界面购买 3072GB 的磁盘 "windows-disk3t"，并将其挂载给 Windows 弹性云服务器，如图 5-52 所示。

图 5-52　购买磁盘"windows-disk3t"

现在针对该磁盘创建一个 3TB 的分区，具体操作步骤如下。

登录 Windows 弹性云服务器，在服务器管理器的文件和存储服务中单击"磁盘"，在磁盘列表选择对应磁盘，并单击鼠标右键，在快捷菜单中选择"初始化"，如图 5-53 所示。

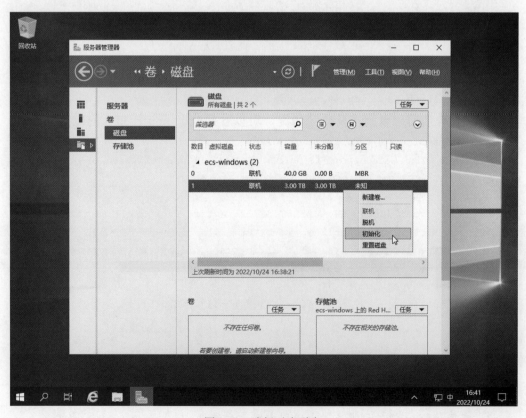

图 5-53　选择对应磁盘

将该磁盘初始化成 GPT 模式，单击"是"，如图 5-54 所示。

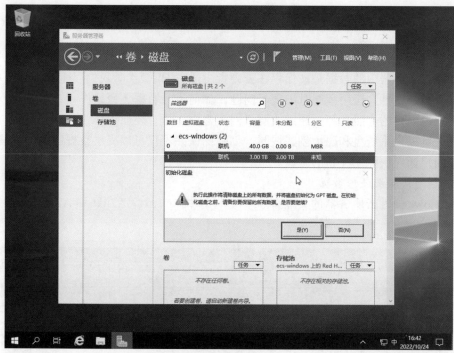

图 5-54　初始化磁盘

初始化完成后，该磁盘分区模式显示为"GPT"，如图 5-55 所示。我们便可创建大于 2.2TB 的磁盘分区了。

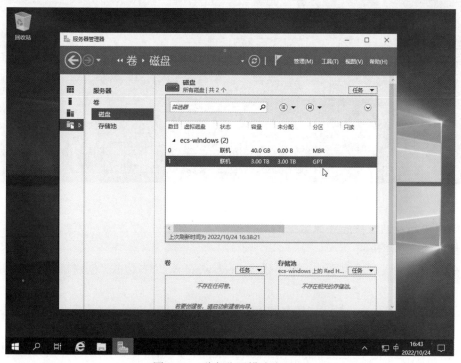

图 5-55　磁盘分区模式为 GPT

最后，在 Windows 系统中创建磁盘分区并进行格式化。

5.2.5 云硬盘快照

弹性云服务器中的数据是被保存在云硬盘中的，如果操作时我们误删除了某个文件，或者修改某个文件、应用程序时出现了问题，如何进行数据还原操作呢？这时我们可以利用云硬盘提供的快照功能，通过快照"回滚数据"进行还原操作。

我们可以为系统盘和磁盘创建快照，创建的快照不仅可以提供数据回滚的功能，还可以让用户通过快照创建新的磁盘。

1. 创建快照及还原数据

Windows 弹性云服务器的桌面有 3 个文本文件：A1.txt、A2.txt 和 A3.txt，如图 5-56 所示。

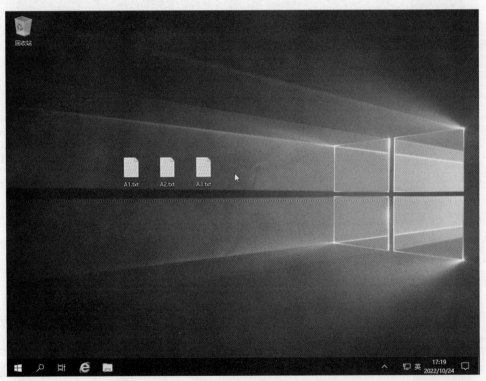

图 5-56　桌面文件

创建快照及通过快照还原数据的具体操作步骤如下。

步骤 1 创建快照

在云硬盘磁盘列表界面中，单击磁盘"ecs-windows"右边的"创建快照"，如图 5-57 所示。

在磁盘配置界面中，输入快照名称"windows-snap01"，并单击"立即创建"，如图 5-58 所示。

快照列表显示了创建的快照"windows-snap01"，如图 5-59 所示。注意：该快照包含了弹性云服务器桌面上的 3 个文本文件。

图 5-57　创建快照

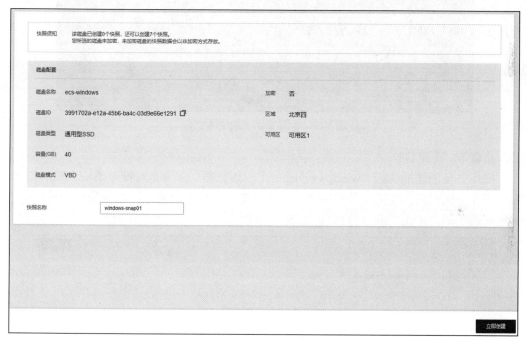

图 5-58　输入快照名称

图 5-59　快照列表

步骤 2　删除桌面上的文件

在有快照的前提下，我们对桌面上的文本文件进行删除操作，如删除文本文件 A2.txt 和 A3.txt，只留下文本文件 A1.txt，如图 5-60 所示。

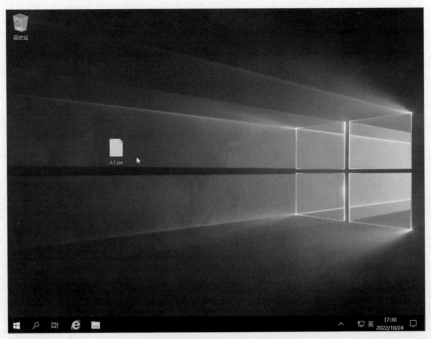

图 5-60　删除桌面上的文本文件

步骤 3 还原数据

使用之前创建的快照"windows-snap01"回滚数据。因为是对操作系统盘回滚数据，所以操作前需要将当前的弹性云服务器关机并卸载云硬盘。然后，在快照列表界面中选择对应的快照，单击"回滚数据"，如图 5-61 所示。

图 5-61　回滚数据

在回滚数据界面中单击"是"，等待回滚，如图 5-62 所示。

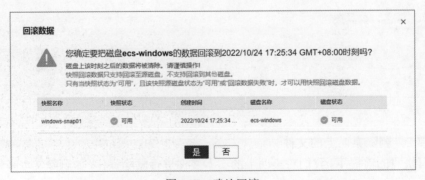

图 5-62　确认回滚

步骤 4　确认数据

回滚数据后，将磁盘作为系统盘重新挂载，开机验证数据。我们可以看到被删除的文本文件 A2.txt 和 A3.txt 被回滚还原，如图 5-63 所示。

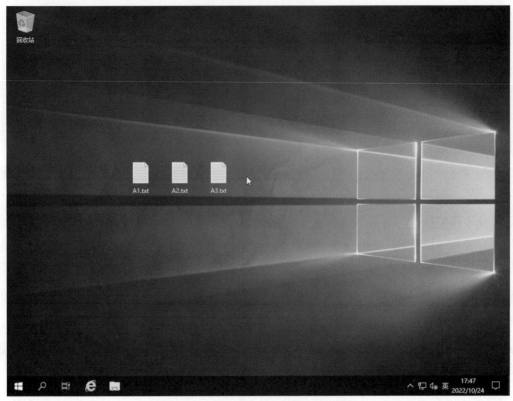

图 5-63　桌面上的文本文件被回滚还原

2. 使用快照创建新磁盘

快照也可以作为磁盘的创建源，我们可以通过快照创建一个新的磁盘。使用快照创建磁盘是为了进行镜像，方便批量操作。

在快照列表界面中，选择对应的快照，单击"创建磁盘"，如图 5-64 所示。

图 5-64　使用快照创建磁盘

在购买磁盘界面中，输入磁盘名称"snap01-disk01"，并单击"立即购买"，如图 5-65 所示。

数据源 (可选)	源快照: windows-snap01(957b24b0-686c-4e83-b3c4-8...) 取消		
磁盘规格	通用型SSD　　　▼　⑦ 　－ 　40 　＋ GB ⑦		
当前已选	通用型SSD | 40GB		
云备份	使用云备份服务,需购买备份存储库,存储库显存放磁盘产生的备份副本的容器。		
	暂不购买　　使用已有　　现在购买　⑦		
更多 ∨	共享盘 | SCSI | 加密 | 标签		
磁盘名称	snap01-disk01		
	创建多块磁盘时,该参数值用作磁盘前缀,磁盘名称由该前缀和四位数字组成。例如,输入my_disk且创建2块磁盘时,磁盘名称为my_disk-0001和my_disk-0002。		
购买量	－ 　1 　＋ 您还可以创建398个磁盘,如需申请更多配额请点击申请扩大配额。		
	暂不支持从快照批量创建磁盘。		

配置费用: ¥0.0388/小时 ⑦ 　　　　　　　　　　　　　　　　　　　　立即购买

图 5-65　购买磁盘

使用快照创建的磁盘,包含之前快照中的内容。如果是系统盘,我们可以在安装应用程序或服务组件后,创建快照,然后通过快照创建新磁盘,并通过新磁盘制作私有镜像,快速批量部署满足业务场景的弹性云服务器。

5.2.6　云备份

虽然通过快照的回滚数据功能可以快速解决文件丢失、数据错误等问题,但是一旦磁盘出现问题,整个云服务器被删除,或者物理主机损坏,快照也无能为力了。为此我们需要用到云备份(CBR)服务。

云备份为云内和云下的虚拟化环境,提供简单易用的备份服务。它对云硬盘或云服务器进行定期备份,当病毒入侵、人为误删除、软硬件出现故障时,就可以将数据恢复到任意的备份点,以保证数据的安全和完整。

云备份服务包含很多组件备份,如云服务器备份、云硬盘备份、SFS(弹性文件服务)Turbo 备份、文件备份等。本小节主要探讨云硬盘备份。

1. 云硬盘备份

云硬盘备份的恢复流程和弹性云服务器的备份恢复流程一致。我们以云硬盘为例,通过实验演示其备份的恢复流程。具体操作步骤如下。

步骤 1　创建备份策略

在云备份界面左边菜单栏中选择"策略",单击右上角的"创建策略",如图 5-66 所示。

图 5-66　创建策略

　　在创建策略界面中，输入策略名称"bak_policy01"，设置是否启用为"是"。设置备份周期为"按周"，选择每周一至周日，备份时间为"23:00"，表示每周一、周二、周三、周四、周五、周六、周日的 23:00 自动执行备份。默认第一次为全量备份，后续均为增量备份。设置保留类型为"永久保留"。确认无误后，单击"立即创建"，如图 5-67 所示。

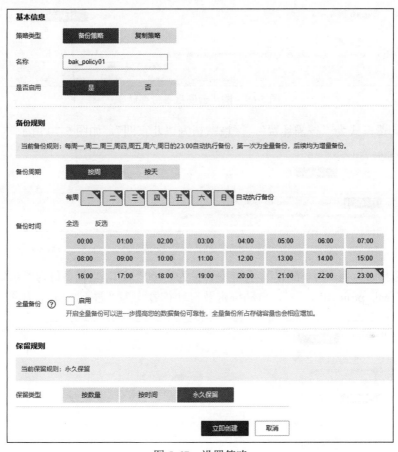

图 5-67　设置策略

　　创建完备份策略，我们可以对策略进行修改、停用或删除操作。策略列表如图 5-68 所示。

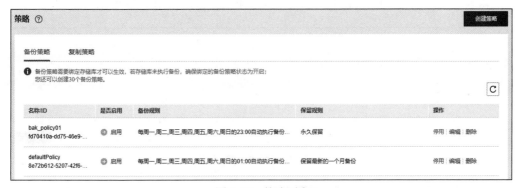

图 5-68　策略列表

步骤 2 购买云硬盘备份存储库

不管是弹性云服务器备份还是云硬盘备份,都需要购买对应的存储库。在云备份界面左边菜单栏中选择"云硬盘备份",单击右上角的"购买云硬盘备份存储库",如图 5-69 所示。

图 5-69 购买云硬盘备份存储库

设置计费模式为"按需计费",区域默认为"北京四",如图 5-70 所示。

图 5-70 设置计费模式与区域

设置选择磁盘为"暂不配置",存储库容量为"100"GB,自动备份为"立即配置",备份策略为"bak_policy01……",自动绑定及自动扩容均为"暂不配置",如图 5-71 所示。

图 5-71 设置容量及策略

输入存储库名称"bak-db01",并单击"立即购买",如图 5-72 所示。

图 5-72 输入存储库名称

确认无误后,单击"提交",如图 5-73 所示。

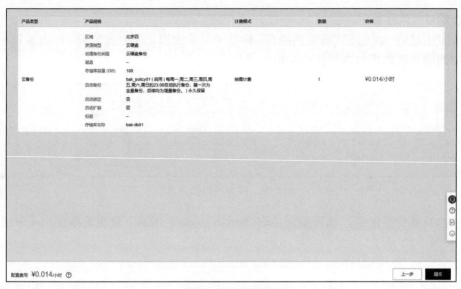

图 5-73　确认提交

步骤 3　绑定磁盘

创建备份存储库后，我们需要将其绑定磁盘，也就是指定存储库未来保存哪些磁盘的备份副本。在存储库界面中，选择存储库"bak-db01"，单击"绑定磁盘"，如图 5-74 所示。

图 5-74　选择存储库

在绑定磁盘界面中勾选"ecs-windows"，表示弹性云服务器系统盘的备份副本未来将会被保存在当前存储库中。最后单击"确定"，如图 5-75 所示。

图 5-75　绑定磁盘

步骤 4　执行备份

绑定磁盘后，我们在"绑定的磁盘"标签中可看到绑定的磁盘列表，如图 5-76 所示。在对应的磁盘名称后单击"执行备份"。

图 5-76　绑定的磁盘列表

在执行备份界面中，填写备份名称"ecs-windows_1024"及相关描述，并单击"确定"，如图 5-77 所示。

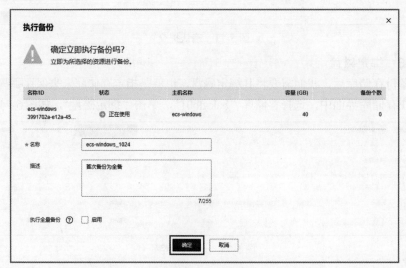

图 5-77　执行备份

我们可以在任务列表中查看备份进度，如图 5-78 所示。

图 5-78　查看备份进度

在备份的过程中，为了保证数据的一致性，系统会为每次备份创建一个快照。本次备份任务完成后，快照自动被删除。快照列表如图 5-79 所示。

图 5-79　快照列表

备份任务完成后，我们在"备份副本"标签中可以看到备份文件，状态为"可用"，如图 5-80 所示。

图 5-80　备份副本列表

2. 云硬盘的恢复

云硬盘的恢复操作步骤如下。

步骤 1　关闭系统及卸载硬盘

恢复数据之前，首先要关闭当前弹性云服务器，卸载需要恢复的磁盘。

步骤 2　数据恢复

在备份副本列表中选择对应的备份文件，单击"恢复数据"，如图 5-81 所示。

图 5-81　恢复数据

确认无误，单击"确定"，如图 5-82 所示。

图 5-82　确认恢复

执行恢复的过程如图 5-83 所示。

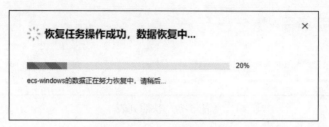

图 5-83　执行恢复的过程

我们也可以在任务列表中查看恢复进度及状态，恢复完成后，状态显示为"成功"，如图 5-84 所示。

图 5-84　查看恢复进度及状态

步骤 3　挂载硬盘及启动系统

恢复数据后，将恢复好的磁盘挂载并启动系统即可。至此完成云硬盘的恢复操作。

5.3　弹性文件服务

云硬盘是一个块存储，主要用于高性能频繁读写的业务场景。对于高性能网站、日志存储、压缩解压、企业办公、容器应用等业务场景，华为也推出了基于文件存储的弹性文件服务（SFS）。

弹性文件服务提供按需扩展的高性能文件存储，可为云上多个弹性云服务器、云容器、裸金属服务器提供共享访问。

弹性文件服务支持两种类型，分别为"SFS Turbo"和"SFS 3.0 容量型"。前者适用于海量小文件和随机小 I/O 等时延敏感性业务；后者适用于媒体处理、文件共享、高性能计算、数据备份等大容量、高带宽的场景。

当前两种类型仅支持网络文件系统（NFS）协议，不支持通用网络文件系统（CIFS）协议。不支持 CIFS 协议并不意味着无法通过 Windows 系统使用弹性文件服务，可以选择在 Windows 上安装 NFS 客户端来实现对弹性文件服务的访问。

5.3.1　SFS Turbo 的创建

接下来创建 SFS Turbo，并通过 Linux 和 Windows 弹性云服务器访问它。在弹性文件服务界面菜单栏中选择"SFS Turbo",并在右上角单击"创建文件系统",如图 5-85 所示。

图 5-85　弹性文件服务界面

设置计费模式为"按需计费",区域为"华北-北京四",如图 5-86 所示。

图 5-86　设置计费模式及区域

设置文件系统类型为"通用型",存储类型为"标准型"(也可以根据实际生产业务进行选择),容量为"500"GB,协议类型只能为"NFS",如图 5-87 所示。

图 5-87　设置存储类型及容量

设置选择网络为"VPC1",安全组为"sg-dev",如图 5-88 所示。注意,弹性文件服务会默认开通安全组的 111、2049、2051、2052、20048 端口。

图 5-88　配置网络及安全组

输入名称"sfs-turbo01"，单击"立即创建"，如图 5-89 所示。

加密	☐ KMS加密
标签	如果您需要使用同一标签标识多种云资源，即所有服务均可在标签输入框下拉选择同一标签，建议在TMS中创建预定义标签。查看预定义标签　C
	标签键　　　　　　　　标签值
	您还可以添加10个标签。
云备份	使用云备份服务，需购买备份存储库，存储库是存放磁盘产生的备份副本的容器。
	暂不购买　　使用已有　　现在购买
∗ 名称　⑦	sfs-turbo01

配置费用 ¥0.3125/小时　　　　　　　　　　　　　　　　　　　　　　　　　　　　　立即创建
参考价格，具体扣费请以账单为准。 了解计费详情

图 5-89　创建 SFS Turbo

确认无误后，单击"提交"，如图 5-90 所示。

资源详情

产品名称	配置		数量
文件系统	区域	北京四	1
	名称	sfs-turbo01	
	规格	标准型	
	容量(GB)	500	
	加密	否	
网络	可用区	可用区1	--
	虚拟私有云	VPC1	
	子网	Subnet-A(192.168.1.0/24)	
	安全组	sg-dev	
备份配置	暂不购买		

配置费用 ¥0.3125/小时　　　　　　　　　　　　　　　　　　　　　　　　　上一页　　提交
参考价格，具体扣费请以账单为准。 了解计费详情

图 5-90　确认提交

在 SFS Turbo 列表中单击"sfs-turbo01"，如图 5-91 所示。

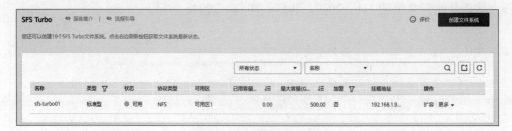

图 5-91　SFS Turbo 列表

在"sfs-turbo01"的基本信息中，我们可以看到对应的挂载命令，如图 5-92 所示。

图 5-92　查看基本信息

1. 通过 Linux 弹性云服务器访问 SFS Turbo 文件存储

通过 Linux 弹性云服务器访问 SFS Turbo 文件存储的步骤如下。

步骤 1　安装软件包

安装软件包的命令如下。

```
[root@ecs-linux01 ~]# yum install -y nfs-utils
```

步骤 2　创建目录

创建目录的命令如下。

```
[root@ecs-linux01 ~]# mkdir /sfs_turbo
```

步骤 3　挂载 SFS Turbo

挂载 SFS Turbo 的命令如下。

```
[root@ecs-linux01 ~]# mount -t nfs -o vers=3,nolock 192.168.1.93:/ /sfs_turbo
[root@ecs-linux01 ~]# df -Th
Filesystem      Type        Size   Used    Avail   Use%   Mounted on
devtmpfs        devtmpfs    486M   0       486M    0%     /dev
tmpfs           tmpfs       496M   0       496M    0%     /dev/shm
tmpfs           tmpfs       496M   6.8M    489M    2%     /run
tmpfs           tmpfs       496M   0       496M    0%     /sys/fs/cgroup
/dev/vda1       ext4        40G    2.3G    35G     7%     /
tmpfs           tmpfs       100M   0       100M    0%     /run/user/0
192.168.1.93:/  nfs         500G   0       500G    0%     /sfs_turbo
```

挂载完成后，即可对目录"/sfs_turbo"进行读写操作。目录"/sfs_turbo"是 SFS Turbo 文件存储的入口，最终数据将被保存在弹性文件服务中。

提示：通过 Linux 弹性云服务器卸载 SFS Turbo 文件存储目录的命令为"umount /sfs_turbo/"。

2. 通过 Windows 弹性云服务器访问 SFS Turbo 文件存储

通过 Windows 弹性云服务器访问 SFS Turbo 文件存储的步骤如下。

步骤 1　安装 NFS 客户端

进入 Windows 弹性云服务器，在仪表板界面中单击"添加角色和功能"，如图 5-93 所示。

图 5-93　添加角色和功能

选择安装类型为"基于角色或基于功能的安装",单击"下一步",如图 5-94 所示。

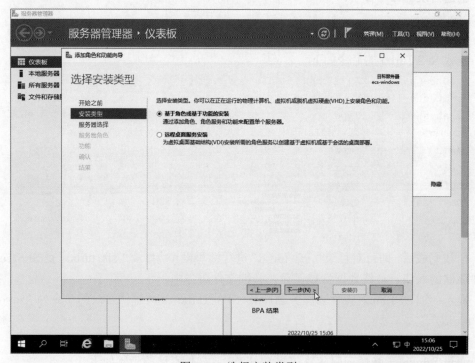

图 5-94　选择安装类型

选择目标服务器为"从服务器池中选择服务器",单击"下一步",如图 5-95 所示。

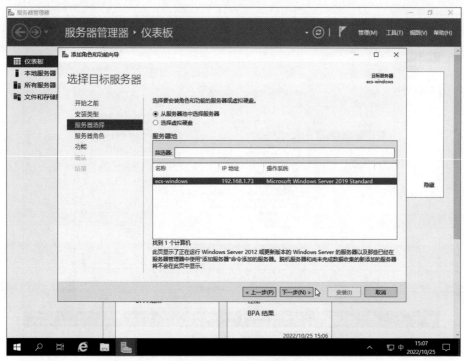

图 5-95　选择目标服务器

服务器角色保持默认，单击"下一步"，如图 5-96 所示。

图 5-96　服务器角色保持默认

选择功能为"NFS 客户端"，单击"下一步"，如图 5-97 所示。

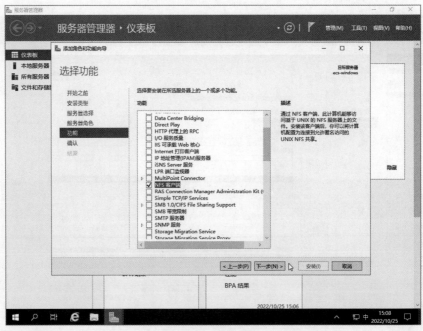

图 5-97　选择功能

确认安装所选内容，并单击"安装"，如图 5-98 所示。

图 5-98　确认安装所选内容

步骤 2　CMD 挂载

打开 CMD 窗口，输入"mount -o nolock -o casesensitive=yes 192.168.1.93:/! T:"命令，并按"Enter"键，系统会提示"命令已成功完成。"，如图 5-99 所示。注意：挂载弹性文

件服务路径必须带感叹号"！"，否则无法挂载成功。

图 5-99　执行挂载

　　打开设备和驱动器，我们可以看到被挂载的 500GB 的 SFS Turbo 存储空间，这样就能对该磁盘进行读写操作，如图 5-100 所示。

图 5-100　打开设备和驱动器

　　提示：通过 Windows 弹性云服务器卸载 SFS Turbo 文件存储磁盘的命令为"umount T:"。

5.3.2　SFS 3.0 容量型文件系统的创建

访问 SFS 3.0 容量型文件系统需要配合 VPC 终端节点，也就是需要在计算资源对应区域创建指定的 VPC 终端节点。SFS 3.0 容量型文件系统目前仅支持在"华北-北京四""华东-上海一""华南-广州"区域创建对应的 VPC 终端节点。

接下来创建 SFS 3.0 容量型文件系统并通过 Linux 弹性云服务器进行访问（SFS 3.0 容量型文件系统暂不支持挂载至 Windows 弹性云服务器），操作步骤如下。

步骤 1　创建终端节点

在网络控制台菜单栏中单击"VPC 终端节点"，选择"终端节点"，并在右上角单击"购买终端节点"，如图 5-101 所示。

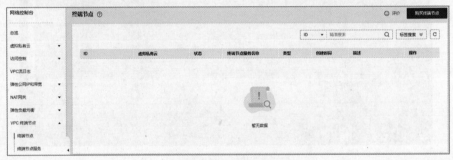

图 5-101　购买终端节点

设置区域为"华北-北京四"，计费模式为"按需计费"，服务类别为"按名称查找服务"，如图 5-102 所示。注意：创建 SFS 3.0 容量型文件系统时，服务类别只能为"按名称查找服务"，根据不同的区域，填写不同的服务名称。目前系统仅支持 3 个服务名称，分别为"华北-北京四：cn-north-4.com.myhuaweicloud.v4.storage.lz13""华南-广州：cn-south-1.com.myhuaweicloud.v4.obsv2""华东-上海一：cn-east-3.com.myhuaweicloud.v4.storage.lz07"。这些是华为云提前创建好的 3 个终端节点服务。

图 5-102　配置选项 1

因为当前区域为"华北-北京四"，所以输入服务名称"cn-north-4.com.myhuaweicloud.
v4.storage.lz13"并单击"验证"，系统会提示"已找到服务"。设置虚拟私有云为"VPC1"，
用户也可以根据实际情况选择对应的子网。最后单击"立即购买"。

确认无误后，单击"提交"，如图 5-103 所示。

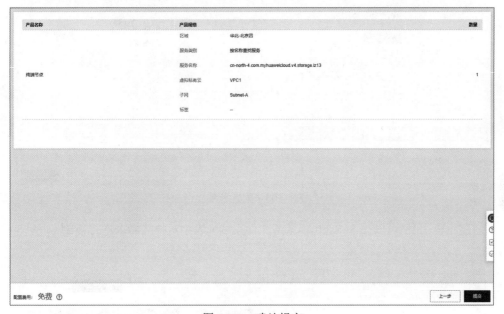

图 5-103　确认提交

创建成功后，我们可以在终端节点列表中看到该终端节点。该终端节点的类型为"网
关"，任何 VPC 都可以连接它，并通过它访问 SFS 3.0 容量型文件系统，如图 5-104 所示。

图 5-104　查看终端节点

步骤 2　创建文件系统

在弹性文件服务界面菜单栏中选择"SFS 3.0 容量型"，并在右上角单击"创建文件
系统"，如图 5-105 所示。

图 5-105　创建 SFS 3.0 容量型文件系统

设置区域为"华北-北京四"，名称为"sfs-30"，协议类型仅支持"NFS"，VPC 为"VPC1"，单击"立即创建"，如图 5-106 所示。注意：这里要选择和弹性云服务器相同的 VPC，未来弹性云服务器才可以访问 SFS 3.0 容量型文件系统。

图 5-106   配置选项 2

创建完毕，我们可以在 SFS 3.0 容量型文件系统列表中对挂载命令进行复制，如图 5-107 所示。

图 5-107   复制挂载命令

步骤 3   Linux 弹性云服务器挂载 SFS 3.0 容量型文件系统

登录 Linux 弹性云服务器，创建目录"/sfs_30"，命令如下。

```
[root@ecs-linux01 ~]# mkdir /sfs_30
```

将 SFS 3.0 容量型文件系统挂载至目录"/sfs_30"中，命令如下。

```
[root@ecs-linux01 ~]# mount -t nfs -o vers=3,timeo=600,nolock,proto=tcp
sfs.lz13.cn-north-4.myhuaweicloud.com:/sfs-30 /sfs_30
```

最后，查看当前文件系统磁盘相关情况，我们会发现 SFS 3.0 容量型文件系统被挂载到了当前 Linux 弹性云服务器的目录"/sfs_30"中，大小为"250"TB。注意：SFS 3.0 容量型文件系统的容量不受任何限制。当我们执行"df -Th"命令时，为了显示需要，系统则直接返回 250TB。这个数值实际上无任何意义，我们可以使用的容量是没有限制的。

```
[root@ecs-linux01 ~]# df -Th
Filesystem     Type       Size    Used    Avail    Use%    Mounted on
devtmpfs       devtmpfs   486M    0       486M     0%      /dev
tmpfs          tmpfs      496M    0       496M     0%      /dev/shm
tmpfs          tmpfs      496M    6.8M    489M     2%      /run
tmpfs          tmpfs      496M    0       496M     0%      /sys/fs/cgroup
```

```
/dev/vda1       ext4        40G     2.3G    35G     7%          /
tmpfs           tmpfs       100M    0       100M    0%          /run/user/0
sfs.lz13.cn-north-4.myhuaweicloud.com:
/sfs-30         nfs         250T    0       250T    0%          /sfs_30
```

5.4　对象存储服务

5.4.1　对象存储服务简介

对象存储服务（OBS）是基于对象的海量存储服务，可以提供海量、安全、高可靠、低成本的数据存储服务。

对象存储采用的是二层结构的文件系统，因此对象存储服务的基本组成部分是桶和对象，所有对象都会被存放在桶中。单个桶不受容量和对象/文件数量的限制，具备超大的存储容量，适用于保存一些容量大且不常变动的数据或文件，如备份数据、影像资料、归档文件等。

桶是对象存储服务中存储对象的容器，每个桶都有自己的存储类别、访问权限、所属区域等属性。用户在互联网上通过桶的访问域名来定位桶。对象是对象存储服务中数据存储的基本单位，一个对象实际上是一个文件的数据与其相关属性信息的集合体，其中包括键值、元数据和数据 3 个部分。对象存储的产品架构如图 5-108 所示。

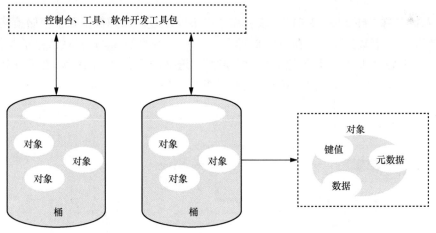

图 5-108　对象存储的产品架构

5.4.2　对象存储服务的创建和使用

下面我们创建桶、上传对象，并对外分享，来演示对象存储服务的基本使用方法。具体操作步骤如下。

步骤 1　创建桶

在对象存储服务左侧菜单栏中选择"桶列表"，并在右上角单击"创建桶"，如图 5-109 所示。

图 5-109　创建桶

复制桶配置的作用是复制已经存在的桶，因为当前环境没有其他桶，所以此处忽略。选择区域为"华北-北京四"，如图 5-110 所示。

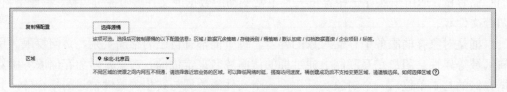

图 5-110　选择区域

输入桶名称"cloudcs-bkt01"，该名称全局不可重复。选择数据冗余存储策略为"多AZ 存储"，意味着数据冗余被存储在多个可用区中，可靠性更高。选择默认存储类别为"标准存储"，多 AZ 存储策略下不支持"归档存储"。选择桶策略为"私有"，表示只有桶 ACL授权的用户才有桶的访问权限。其他选项保持默认，如图 5-111 所示。

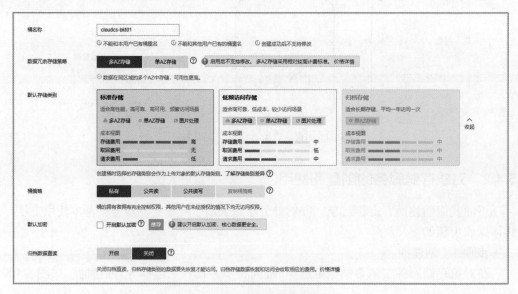

图 5-111　名称及策略的设置

创建桶是免费的，使用时会按需付费。为了节省费用，我们可以根据实际使用量选择直接购买存储包，如选择购买 40GB 一个月的"标准存储包（多 AZ）"，并单击"立即创建"，如图 5-112 所示。

图 5-112　购买存储包

资源包规格确认操作完成后，单击"去支付"完成桶的创建，如图 5-113 所示。

图 5-113　确认支付

步骤 2　上传对象

在桶列表中单击"cloudcs-bkt01"，如图 5-114 所示。

图 5-114　桶列表

在 cloudcs-bkt01 界面中选择"对象"，并在对象列表中单击"上传对象"，如图 5-115 所示。

图 5-115　上传对象

在上传对象界面中，单击"添加文件"，如图 5-116 所示。

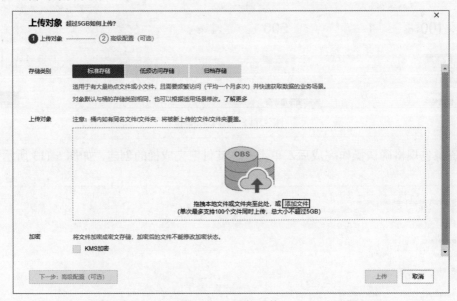

图 5-116　添加文件

单击"上传"，如图 5-117 所示。

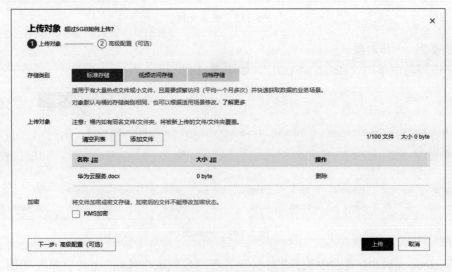

图 5-117　确认上传

步骤 3　对外分享

在对象列表中，选择要分享的文件或者文件夹，单击"分享"，如图 5-118 所示。

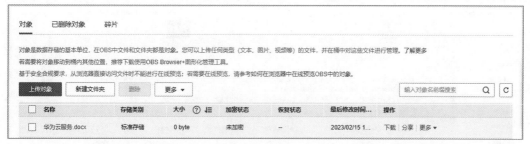

图 5-118　分享对象

在分享文件界面中填写 URL 有效期，如"5""分钟"，如图 5-119 所示。URL 有效期的值范围为 1 分钟到 18 个小时。复制链接后，单击"关闭"。

图 5-119　设置 URL 有效期

我们将链接发送给对方，对方单击链接后便可下载并使用文件。

5.4.3　对象存储服务多版本控制

在默认情况下，在对象存储服务中新创建的桶不会开启多版本功能，也就是说向同一个桶上传同名的对象时，新上传的对象将覆盖原有的对象。利用多版本控制，我们可以在一个桶中保留多个版本的对象，这样就能更加方便地检索和还原各个版本，在执行意外操作或应用程序发生故障时快速恢复数据。

开启对象存储服务多版本控制的操作步骤如下。

步骤 1 开启多版本控制

在对象列表中单击右上角多版本控制的"设置",默认显示"未启用",如图 5-120 所示。

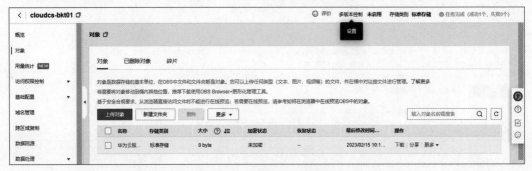

图 5-120　设置多版本控制

在多版本控制界面中选择"启用",并单击"确定",如图 5-121 所示。

图 5-121　启用多版本控制

步骤 2 重复上传对象

再次上传文件"华为云服务.docx",上传完毕,我们在对象列表中只能看到一个文件。

单击文件名称"华为云服务.docx",进入对象信息界面。在对象信息界面中,单击标签"版本",可以看到该对象的多个版本,默认使用最新版本,如图 5-122 所示。

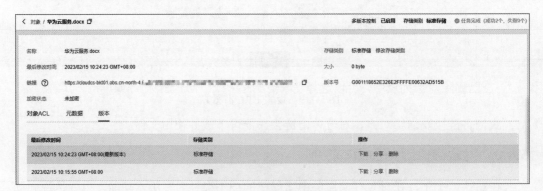

图 5-122　查看对象的版本

开启多版本控制后,如果上传的对象重复,那么对象列表仅显示该对象的最新版本。

步骤 3 删除文件

在对象列表中选择对象,单击"删除",如图 5-123 所示。

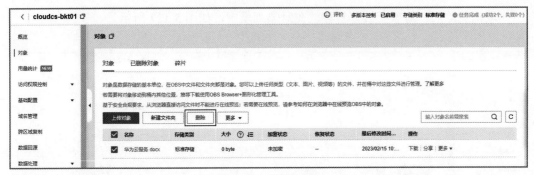

图 5-123　删除对象

因为开启了多版本控制，所以删除对象时，并不会彻底删除对象，而是会将删除的对象放入"已删除对象"。用户可以在"已删除对象"中彻底删除或取消删除文件。单击"是"，即可删除对象，如图 5-124 所示。

图 5-124　确认删除

对象被删除后，会被存放在已删除对象列表中，如图 5-125 所示。

图 5-125　已删除对象列表

在已删除对象列表中，可以选择"取消删除"或"彻底删除"。如单击"取消删除"，并在取消操作界面中单击"是"，即可取消删除，如图 5-126 所示。

图 5-126　取消删除

取消删除后，对象会被重新存放在对象列表中，如图 5-127 所示。

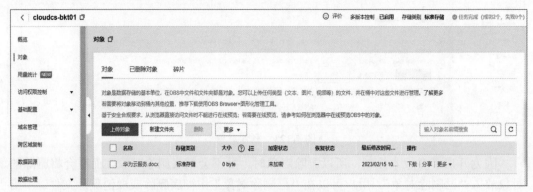

图 5-127　对象列表

如果选择"彻底删除"，那么该对象及多个版本信息将会被彻底删除。

5.4.4　OBS Browser+

我们在当前对象列表中单击"新建文件夹"，输入文件夹名称"课件资料"，单击"确定"，如图 5-128 所示。

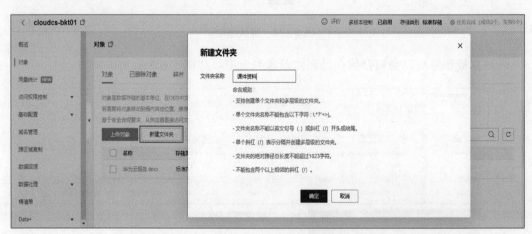

图 5-128　新建文件夹

接着把对象"华为云服务.docx"移动到文件夹"课件资料"中，却发现界面上没有相关功能，怎么办呢？如果将对象移动到桶内其他位置，那么需要使用图形化管理工具 OBS Browser+进行操作。

1．OBS Browser+的下载

在对象界面中单击"OBS Browser+"，如图 5-129 所示。

在业务工具界面中，在"OBS Browser+工具"下方根据操作系统选择下载，如单击"window64 位下载"，如图 5-130 所示。

下载后解压、安装，并运行 OBS Browser+，如图 5-131 所示。

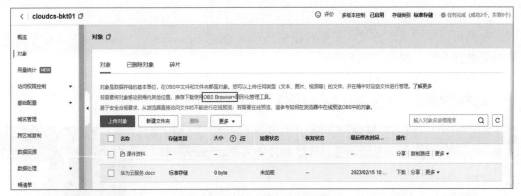

图 5-129 对象列表界面

图 5-130 下载 OBS Browser+

图 5-131 运行 OBS Browser+

2. OBS Browser+的登录

我们可以采用 AK 方式、账号及授权码登录 OBS Browser+。下面以采用 AK 方式登录为例进行介绍，操作步骤如下。

步骤 1 创建访问密钥

在控制台界面右上角单击"我的凭证"，如图 5-132 所示。

图 5-132　控制台界面

在菜单栏选择"访问密钥"；在访问密钥界面单击"新增访问密钥"，如图 5-133 所示。

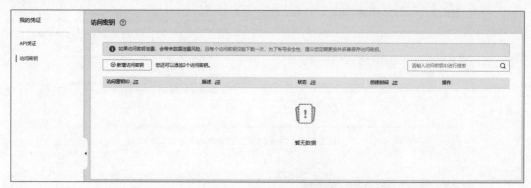

图 5-133　新增访问密钥

输入密钥自定义描述信息，单击"确定"，如图 5-134 所示。

新增访问密钥 ✕

描述　OBS

3/255

确定　取消

图 5-134　输入密钥自定义描述信息

创建密钥后，单击"立即下载"，即可下载密钥，如图 5-135 所示。注意：每个访问密钥仅能下载一次，为了保证账号安全，用户可以定期更换并妥善保存访问密钥。

图 5-135　下载密钥

步骤 2　查看并登录密钥

打开下载后的密钥文件，按照对应字段在 OBS Browser+登录界面中输入 Access Key ID 和 Secret Access Key。账号名可以由用户自定义，仅用于区分在本地登录 OBS Browser+的不同账号，与注册的云服务账号无关，也不需要与其一致。最后单击"登录"，如图 5-136 所示。

图 5-136　登录 OBS Browser+

登录成功后，我们可以在桶列表中看到"cloudcs-bkt01"，如图 5-137 所示。

图 5-137　查看桶列表

单击桶名称"cloudcs-bkt01"进入对象列表，如图 5-138 所示。

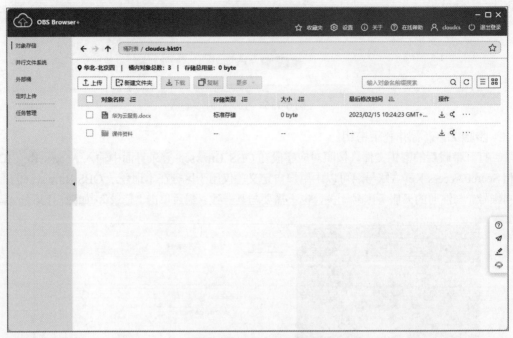

图 5-138　进入对象列表

步骤 3　将文件移动至文件夹中

勾选对象"华为云服务.docx"，单击"更多"，在下拉菜单中选择"移动"，如图 5-139 所示。

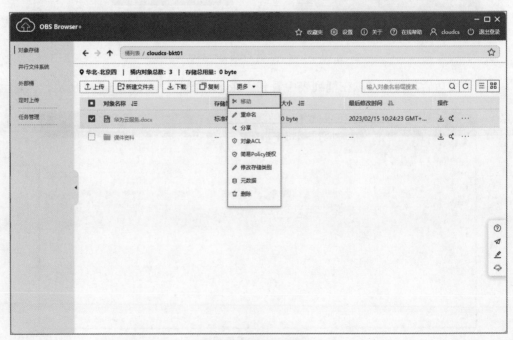

图 5-139　选择"移动"

此时，因为该对象被剪切，所以选项菜单多了一个"粘贴（1）"，如图 5-140 所示。

图 5-140　移动对象

接着进入"课件资料"文件夹，单击"粘贴（1）"，在重要提醒界面中单击"是"，对象即可被移动到该文件夹中，如图 5-141 所示。

图 5-141　粘贴对象

移动成功的界面如图 5-142 所示。

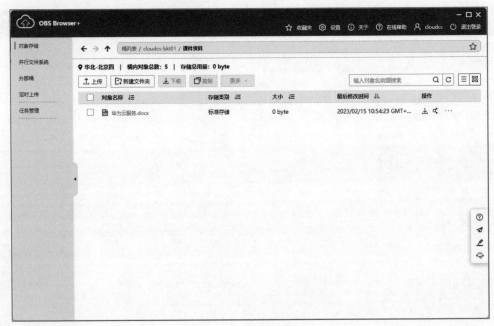

图 5-142　移动成功的界面

3. 定时上传

假如系统桌面有个文件夹，名称叫 "OBS"，其中有每天生成的课件资料文件，现在需要将这个文件夹中的内容每天定时上传至 OBS Browser+，此时就可以使用定时上传功能。

单击 OBS Browser+工具菜单栏中的 "定时上传"，并单击 "立即上传"，如图 5-143 所示。

图 5-143　定时上传

在创建定时上传界面中,选择目标类型为"对象存储",选择上传至目标桶为"cloudcs-bkt01";用户可以自定义修改上传路径,如 "obs://cloudcs-bkt01/课件资料";勾选"开启自动上传"。设置周期策略,如图 5-144 所示。

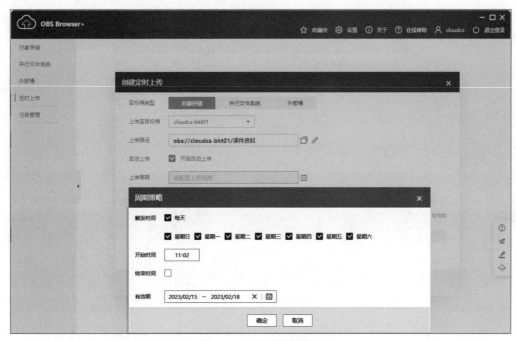

图 5-144 设置周期策略

指定上传对象,选择本地桌面目录"OBS",单击"确定",如图 5-145 所示。

图 5-145 指定上传对象

在重要提醒界面中单击"是",如图 5-146 所示。

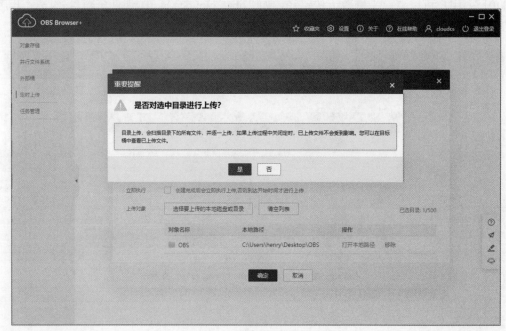

图 5-146　确认上传

成功创建定时上传后,保持正在上传状态,如图 5-147 所示。需要注意的是,此时不可以关闭 OBS Browser+,一旦关闭,将无法自动上传。

图 5-147　保持正在上传状态

一旦触发定时上传的时间,系统将根据指定的本地对象和设定的目标桶自动上传。

上传完成的界面如图 5-148 所示。

图 5-148 上传完成的界面

上传成功后，我们可以在对象列表"课件资料"目录下，查看上传的目录"OBS"，如图 5-149 所示。

图 5-149 查看上传的目录

单击"OBS"目录可以查看具体文件，如图 5-150 所示。

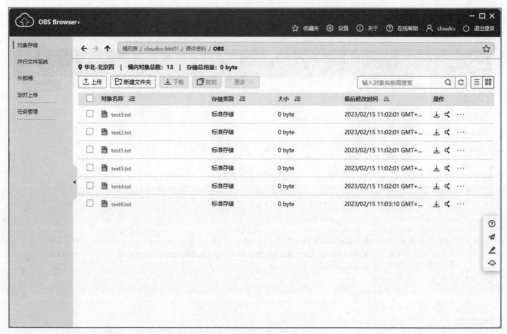

图 5-150　查看具体文件

4. 挂载外部桶

使用 OBS Browser+还可以对其他账号的外部桶进行挂载。例如在其他华为云账号下有一个名称为"external-bucket"的桶，该桶 ACL 的公共访问权限为匿名用户配置了"读取权限"，那么该桶内的对象就可以被任何用户读取。

在 OBS Browser+菜单栏中选择"外部桶"，并单击"挂载"，如图 5-151 所示。

图 5-151　选择"外部桶"

输入要挂载的桶名称"external-bucket",单击"确定",如图 5-152 所示。

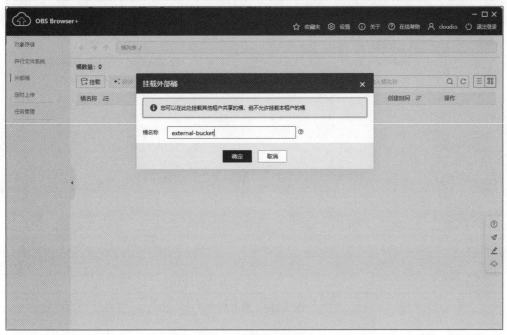

图 5-152 输入桶名称

在外部桶列表中,我们可以查看挂载成功的桶,如图 5-153 所示。

图 5-153 查看挂载成功的桶

单击外部桶名称,进入对象列表查看对象,如图 5-154 所示。

图 5-154　查看对象

第 6 章
镜像服务

镜像是创建和运行云上服务器的基础。为了满足不同场景的个性化需求，华为云提供了4种镜像类型：公共镜像、私有镜像、共享镜像和市场镜像。本章将会讲解这些镜像之间的关系，以及如何使用这些镜像。

6.1　镜像服务简介

镜像服务（IMS）提供镜像的生命周期管理服务。我们可以灵活地使用公共镜像、私有镜像或共享镜像申请弹性云服务器和裸金属服务器。同时，还能通过已有的云服务器或使用市场镜像文件创建私有镜像，实现业务上云或云上迁移。

6.1.1　公共镜像

公共镜像是系统默认提供的镜像，是由华为官方提供的常见标准操作系统镜像，其中包括操作系统和预装的公共应用。公共镜像具有高度稳定性，所有用户可见，皆为正版授权，用户也可以根据实际需求自助配置应用环境或相关软件。

官方公共镜像支持的操作系统类型包括 Huawei Cloud EulerOS、Windows、CentOS、Debian、openSUSE、Fedora、Ubuntu、EulerOS、CoreOS。需要说明的是，Windows 操作系统为市场镜像，是由第三方提供的。为了方便选用，公共镜像会为 Windows 操作系统提供入口。选择公共镜像的界面如图 6-1 所示。

图 6-1　选择公共镜像的界面

6.1.2　私有镜像

私有镜像是用户自己创建的镜像，其中包含操作系统或业务数据、预装的公共应用、以及用户的私有应用（仅用户个人可见）。私有镜像又分为系统盘镜像、数据盘镜像、整机镜像和 ISO 镜像。

系统盘镜像是指包含用户运行业务所需的操作系统、应用软件的镜像，可以使用户快速批量部署云服务器。

数据盘镜像是指只包含用户业务数据的镜像，没有操作系统盘，目的是方便数据的备份或将用户的业务数据迁移到云上。

整机镜像也叫全镜像，是指包含用户运行业务所需的操作系统、应用软件和业务数据的镜像。整机镜像基于差分增量备份制作，相比具有同样磁盘容量的系统盘镜像和数据盘镜像，创建效率更高。

ISO 镜像在镜像服务页面创建的云服务器的部分功能受限，因此只建议用于装机。选择私有镜像的界面如图 6-2 所示。

图 6-2　选择私有镜像的界面

6.1.3　共享镜像

共享镜像是指用户将自己创建的私有镜像共享给其他用户使用。共享后，接受者可以使用该共享镜像快速创建运行在同一个镜像环境中的云服务器。用户不仅可以将私有镜像共享给同一个区域内的其他租户，还可以通过复制镜像功能，实现跨区域的镜像共享。选择共享镜像的界面如图 6-3 所示。

图 6-3　选择共享镜像的界面

6.1.4　市场镜像

市场镜像是提供预装操作系统、应用环境和各类软件的优质第三方镜像，可以由用户进行一键式部署。市场镜像通常由具有丰富的云服务器维护和配置经验的服务商提供，并且经过华为云云商店和服务商的严格测试、审核，其安全性得以保证。选择市场镜像的界面如图 6-4 所示。

图 6-4　选择市场镜像的界面

因为公共镜像由华为官方提供，而市场镜像由华为云云商店认证通过的第三方机构提供，所以镜像服务为个人提供的镜像操作只有私有镜像和共享镜像，接下来的内容也是围绕这两个镜像展开的。

6.2　私有镜像

申请弹性云服务器时，用户不需要安装操作系统，因为每个封装好的镜像已经包含了操作系统。因此面对大批量的环境部署时，用户省去了安装过程，提高了业务的开展效率。

官方提供的公共镜像非常完善，具有大部分功能，我们只需要在创建的云服务器上部署所需的个性化应用程序。但是这里出现了一个新问题，例如我们要创建多台 Web 服务器，通常的流程是，首先创建每台云服务器，然后分别在这些云服务器上单独部署 Web 服务器。但是如果服务器数量很多呢？那就意味着有多少台云服务器，就要部署多少遍 Web 服务器，这样会非常麻烦。

所以，针对上述问题，我们可以部署一个符合个性化业务的云服务器"模板"，再通过该"模板"创建 Web 服务器，未来不管部署多少台 Web 服务器，都不需要手工部署应用程序。这个"模板"就是接下来要介绍的私有镜像。

6.2.1 系统盘镜像

创建系统盘镜像之前，我们要首先在华为云上创建一台云服务器"ecs-muban"，使用系统"CentOS 7.6"，并绑定弹性公网 IP。

制作系统盘镜像的操作步骤如下。

步骤 1 制作应用程序模板

登录弹性云服务器，执行以下命令进行服务安装。

```
[root@ecs-muban ~]# yum install -y httpd
```

执行以下命令启动服务。

```
[root@ecs-muban ~]# systemctl start httpd
```

执行以下命令设置服务为开机自启。

```
[root@ecs-muban ~]# systemctl enable httpd
```

执行以下命令删除密钥。

```
[root@ecs-muban ~]# rm -rf /etc/ssh/ssh_host_*
```

执行以下命令编辑网页内容。

```
[root@ecs-muban ~]# vim /var/www/html/index.html
```

将以下内容粘贴到 index.html 文件中。

```
<html>
    <head>
    <metacharset="utf-8">
    <title>CloudCS</title>
    </head>
    <body>
    <h1 align="center">你好，云服务 !</h1>
    </body>
</html>
```

在浏览器中输入弹性公网 IP，查看网页内容，如图 6-5 所示。

图 6-5 查看网页内容

最后关闭弹性云服务器。这里仅仅为了演示，并没有删除和添加其他个性化组件。在实际业务中，用户可根据需求对个性化组件进行自定义。

步骤 2 创建系统盘镜像

在云服务器控制台界面的菜单栏中选择"镜像服务"，并在右上角单击"创建私有镜像"，如图 6-6 所示。

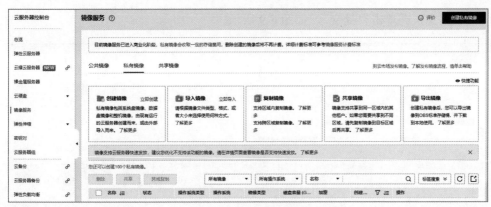

图 6-6　创建私有镜像 1

选择创建方式为"创建私有镜像"，区域为"华北-北京四"，镜像类型为"系统盘镜像"，选择镜像源为"ecs-muban"，如图 6-7 所示。

图 6-7　配置镜像类型和来源 1

在配置信息界面中，输入名称"web-img"，勾选协议，单击"立即创建"，如图 6-8 所示。

图 6-8　配置信息 1

确认信息，并单击"提交"，如图 6-9 所示。

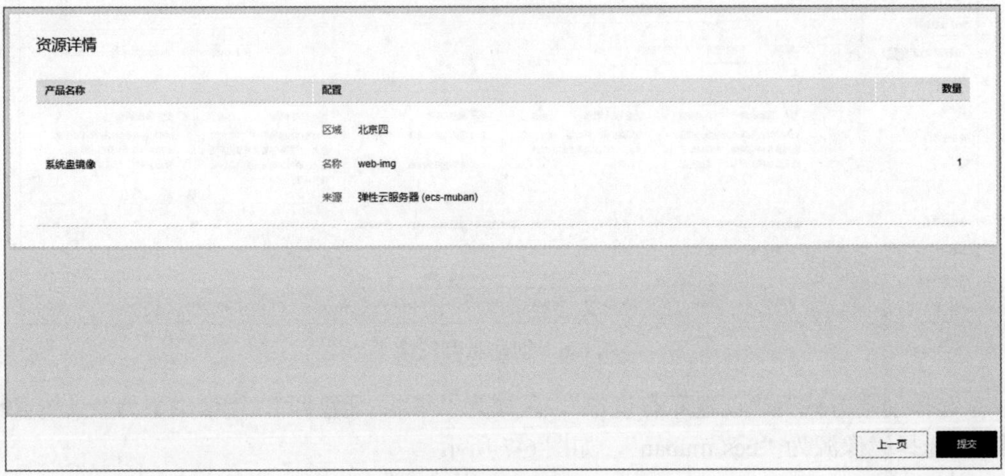

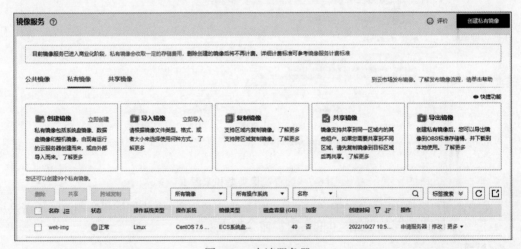

图 6-9　确认信息

步骤 3　通过私有镜像创建弹性云服务器

在镜像服务界面的私有镜像列表中，选择对应的私有镜像，单击"申请服务器"，如图 6-10 所示。

图 6-10　申请服务器 1

在申请弹性云服务器界面中，系统会自动选择"私有镜像"，镜像名称为"web-img"，如图 6-11 所示。

图 6-11　选择镜像

使用该私有镜像，创建弹性云服务器，名称为"ecs-web01"，如图 6-12 所示。

图 6-12　创建弹性云服务器 1

创建完成后，在浏览器中输入"ecs-web01"的弹性公网 IP 访问网页，如图 6-13 所示。

图 6-13　访问网页

这样就实现了无论创建多少台弹性云服务器，它们都具备提供 Web 服务的能力，提高了批量部署环境的效率。

6.2.2　数据盘镜像

数据盘镜像是针对数据盘制作的镜像，其中包含业务数据，但不包含系统盘。制作数据盘镜像的操作步骤如下。

步骤 1　制作数据盘模板

重新启动弹性云服务器"ecs-muban"，为其添加一块 10GB 的云硬盘，并格式化分区，最后将分区挂载到目录"/evs_data"中，命令如下。

```
[root@ecs-muban ~]# df -Th
Filesystem     Type       Size  Used  Avail  Use%  Mounted on
devtmpfs       devtmpfs   1.9G     0   1.9G    0%  /dev
tmpfs          tmpfs      1.9G     0   1.9G    0%  /dev/shm
tmpfs          tmpfs      1.9G  8.6M   1.9G    1%  /run
tmpfs          tmpfs      1.9G     0   1.9G    0%  /sys/fs/cgroup
/dev/vda1      ext4        40G  2.4G    35G    7%  /
tmpfs          tmpfs      379M     0   379M    0%  /run/user/0
/dev/vdb1      ext4       9.8G   37M   9.2G    1%  /evs_data
```

在目录"/evs_data"中写入文件，作为数据盘模板数据，命令如下。

```
[root@ecs-muban ~]# cd /evs_data/
[root@ecs-muban evs_data]# touch {a,b,c}{1,2,3}.txt
```

```
[root@ecs-muban evs_data]# ls
a1.txt  a2.txt  a3.txt  b1.txt  b2.txt  b3.txt  c1.txt  c2.txt  c3.txt
lost+found
```

最后，关闭弹性云服务器"ecs-muban"。

步骤 2 创建数据盘镜像

在云服务器控制台界面的菜单栏中选择"镜像服务"，并在右上角单击"创建私有镜像"，如图 6-14 所示。

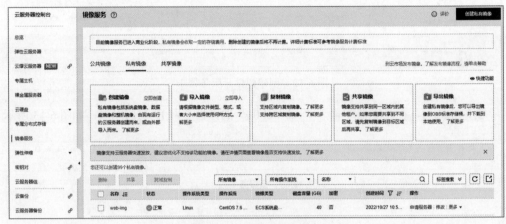

图 6-14　创建私有镜像 2

选择创建方式为"创建私有镜像"，区域为"华北-北京四"，镜像类型为"数据盘镜像"，选择镜像源为"ecs-muban"以及已挂载的磁盘"evs-data"（无法选择系统盘），如图 6-15 所示。

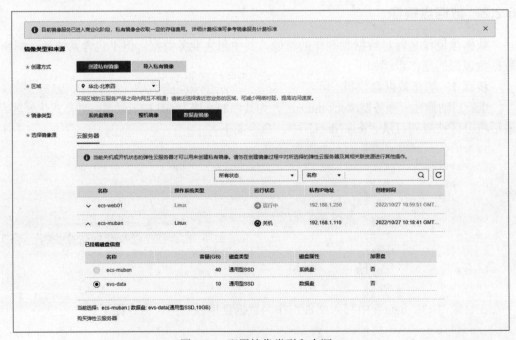

图 6-15　配置镜像类型和来源 2

在配置信息界面中，输入名称"data-img"，勾选协议，单击"立即创建"，如图 6-16 所示。

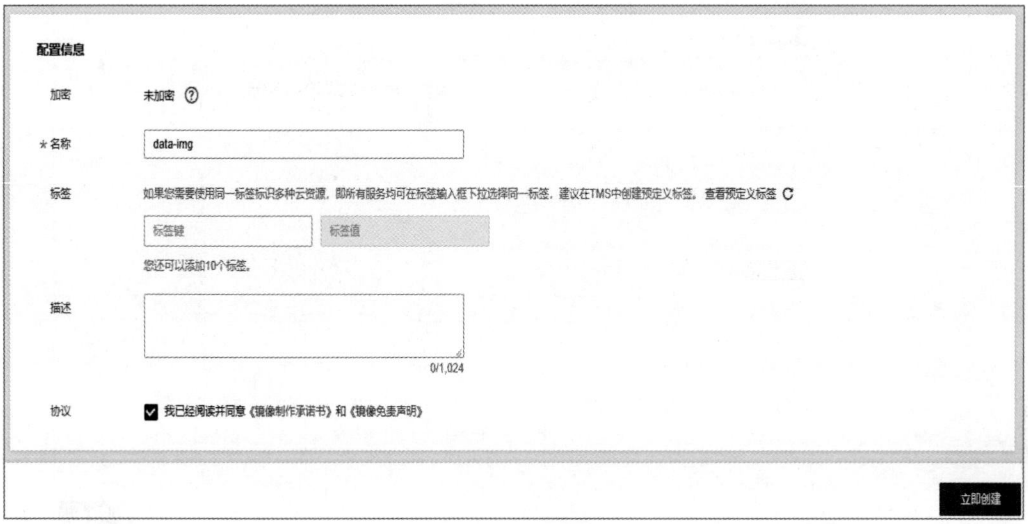

图 6-16　配置信息 2

步骤 3　通过数据盘镜像创建新磁盘

在镜像服务界面的私有镜像列表中，在对应的私有镜像"data-img"右边单击"申请数据盘"，如图 6-17 所示。

图 6-17　申请数据盘

在购买云硬盘界面中，系统自动选择数据源"data-img"，输入磁盘名称"evs-data01"，单击"立即购买"，如图 6-18 所示。

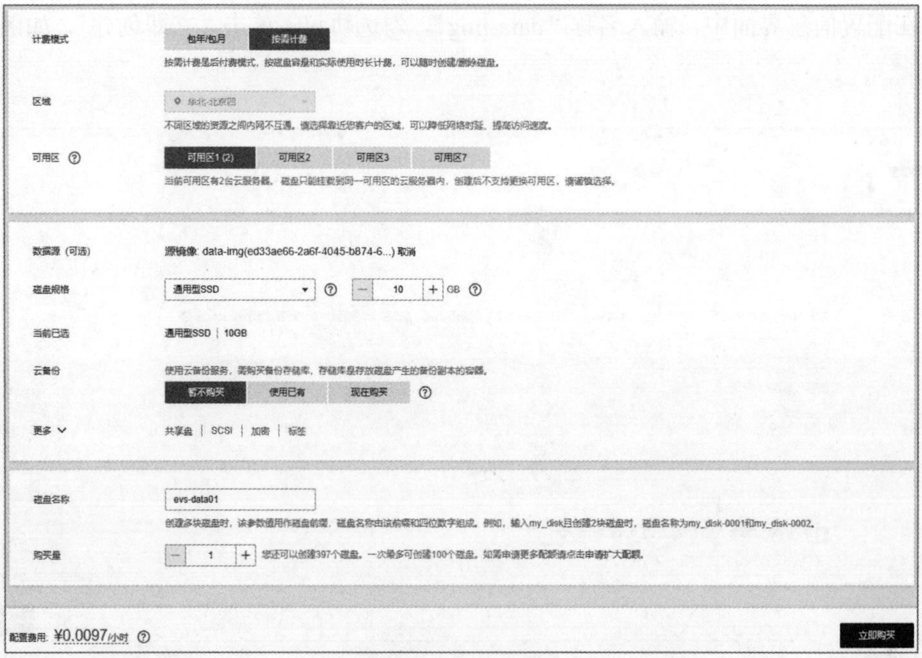

图 6-18　配置磁盘

购买完成后，将数据盘"evs-data01"挂载至之前创建的弹性云服务器"ecs-web01"上，并查看磁盘分区情况，命令如下。

```
[root@ecs-web01 ~]# fdisk -l

Disk /dev/vda: 42.9 GB, 42949672960 bytes, 83886080 sectors
Units = sectors of 1 * 512 = 512 bytes
Sector size (logical/physical): 512 bytes / 512 bytes
I/O size (minimum/optimal): 512 bytes / 512 bytes
Disk label type: dos
Disk identifier: 0x000aa138


  Device Boot      Start         End      Blocks   Id  System
/dev/vda1   *        2048    83886079    41942016   83  Linux

Disk /dev/vdb: 10.7 GB, 10737418240 bytes, 20971520 sectors
Units = sectors of 1 * 512 = 512 bytes
Sector size (logical/physical): 512 bytes / 512 bytes
I/O size (minimum/optimal): 512 bytes / 512 bytes
Disk label type: dos
Disk identifier: 0x66acd569


  Device Boot      Start         End      Blocks   Id  System
/dev/vdb1            2048    20971519    10484736   83  Linux
```

因为该数据盘已被格式化分区，所以再次被挂载时不需要重复操作，只需创建目录"/evs_data"，并将"/dev/vdb1"挂载至该目录。

```
[root@ecs-web01 ~]# mkdir /evs_data
[root@ecs-web01 ~]# mount /dev/vdb1 /evs_data/
[root@ecs-web01 ~]# df -Th
Filesystem      Type      Size   Used   Avail   Use%   Mounted on
Devtmpfs        devtmpfs  1.9G   0      1.9G    0%     /dev
tmpfs           tmpfs     1.9G   0      1.9G    0%     /dev/shm
tmpfs           tmpfs     1.9G   8.6M   1.9G    1%     /run
tmpfs           tmpfs     1.9G   0      1.9G    0%     /sys/fs/cgroup
/dev/vda1       ext4      40G    2.4G   35G     7%     /
tmpfs           tmpfs     379M   0      379M    0%     /run/user/0
/dev/vdb1       ext4      9.8G   37M    9.2G    1%     /evs_data
```

查看该目录内容，命令如下。

```
[root@ecs-web01 ~]# cd /evs_data/
[root@ecs-web01 evs_data]# ls
a1.txt   a2.txt   a3.txt   b1.txt   b2.txt   b3.txt   c1.txt   c2.txt   c3.txt
lost+found
[root@ecs-web01 evs_data]#
```

6.2.3　整机镜像

整机镜像就是把当前系统盘、数据盘一次打包制作成全镜像。需要注意的是，整机镜像是基于备份制作的，因此需要先新建云服务器备份存储库，再通过整机镜像创建弹性云服务器。具体操作步骤如下。

步骤 1　创建整机镜像

在云服务器控制台界面菜单栏中选择"镜像服务"，并在右上角单击"创建私有镜像"，如图 6-19 所示。

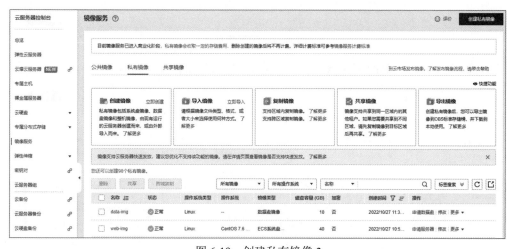

图 6-19　创建私有镜像 3

选择创建方式为"创建私有镜像"，区域为"华北-北京四"，镜像类型为"整机镜像"；选择镜像源为"ecs-muban"，其中包含了系统盘和数据盘，我们选择对应的云服务器备份存储库，如图 6-20 所示。

图 6-20　配置镜像类型和来源 3

在配置信息界面中，输入名称"host-img"，勾选协议，单击"立即创建"，如图 6-21 所示。

图 6-21　配置信息 3

对该弹性云服务器的系统盘和数据盘进行备份，如图 6-22 所示。

图 6-22　进行备份

步骤 2　通过整机镜像创建弹性云服务器
完成备份后，即可通过整机镜像创建弹性云服务器。在镜像服务界面的私有镜像列表中，在对应的私有镜像"host-img"右边单击"申请服务器"，如图 6-23 所示。

图 6-23　申请服务器 2

在购买弹性云服务器界面中，系统自动选择私有镜像"host-img（整机镜像）"，同时加载系统盘及数据盘，如图 6-24 所示。

图 6-24　配置镜像

使用该私有镜像，创建弹性云服务器，名称为"ecs-host"，如图 6-25 所示。

图 6-25　创建弹性云服务器 2

创建完成后，在浏览器中输入"ecs-host"的弹性公网 IP 尝试访问网页，如图 6-26 所示。

你好，云服务！

图 6-26　访问网页

访问成功说明系统盘 Web 服务没问题，然后挂载数据盘查看数据，命令如下。

```
[root@ecs-host ~]# mount /dev/vdb1 /evs_data/
[root@ecs-host ~]# ls /evs_data/
a1.txt   a2.txt   a3.txt   b1.txt   b2.txt   b3.txt   c1.txt   c2.txt   c3.txt
lost+found
```

数据无误，说明数据盘也没问题。提示：用户如果希望开机自动挂载，可将分区与目录的对应关系写入文件"/etc/fstab"。

6.2.4　ISO 镜像

工作中，我们有时会面对个性化需求，发现前面介绍的系统盘镜像、数据盘镜像、整机镜像这些私有镜像都无法满足业务系统需求。那怎么办呢？此时可以用私有镜像提供的另一种 ISO 镜像来解决这个问题。

ISO 镜像首先可以通过 ISO 文件创建临时云服务器，然后我们对临时云服务器进行相关个性化配置，最后将临时云服务器创建为系统镜像。基于系统镜像，用户可以从零开始，创建属于自己的操作系统模板私有镜像。

1. 上传 ISO

在 OBS Browser+对应的桶中创建文件夹"ISO"，如图 6-27 所示。

图 6-27　创建文件夹

单击"添加文件"，上传对象，如图 6-28 所示。

图 6-28　上传对象

上传成功后，可以在 ISO 文件夹中查看对象，如图 6-29 所示。

图 6-29　查看对象

在镜像服务界面中，单击右上角的"创建私有镜像"，如图 6-30 所示。

图 6-30　创建私有镜像 4

　　选择创建方式为"导入私有镜像",镜像类型为"ISO 镜像",并在"选择镜像文件"中选择前面上传的对象,如图 6-31 所示。

图 6-31　导入私有镜像

　　选择操作系统为"CentOS",版本为"7.6 64bit",输入系统盘大小为"40"GB,填写名称为"custom-iso",如图 6-32 所示。然后单击"立即创建"。

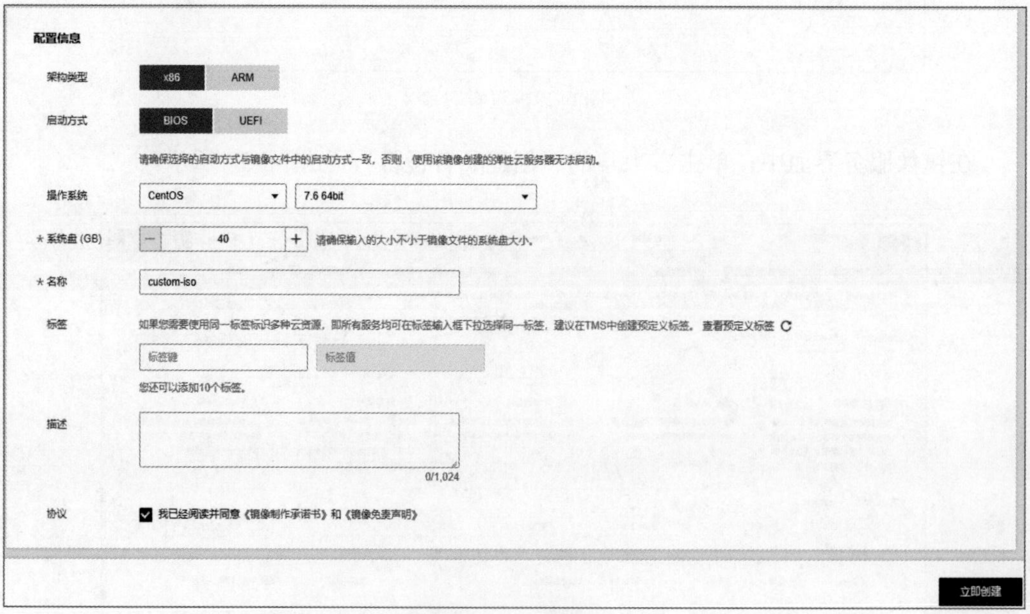

图 6-32　配置镜像

　　确认无误后单击"提交",如图 6-33 所示。

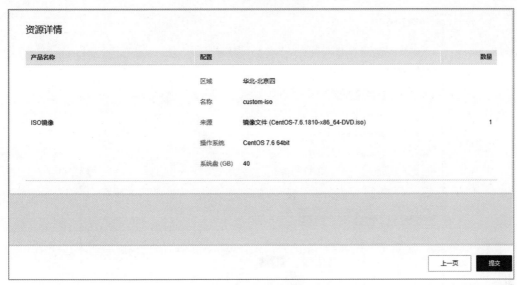

图 6-33　确认提交

2. 创建弹性云服务器

创建私有镜像后，通过该镜像创建并安装弹性云服务器。在镜像"custom-iso"右边单击"安装服务器"，如图 6-34 所示。

图 6-34　安装服务器

选择对应规格、虚拟私有云及子网，填写云服务器名称为"iso_temp"，单击"确定"，如图 6-35 所示。

创建完成后，单击"远程登录"进行操作系统安装，如图 6-36 所示。

在语言选项界面中，保持默认选项，单击"Continue"，如图 6-37 所示。

在安装汇总界面中，单击"INSTALLATION DESTINATION"，如图 6-38 所示。

图 6-35　配置服务器

图 6-36　远程登录

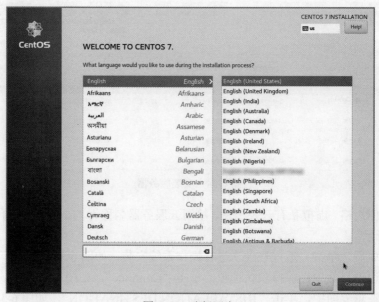

图 6-37　选择语言

图 6-38　安装汇总界面

选择"Automatically…"进行自动分区，并单击左上角的"Done"，如图 6-39 所示。

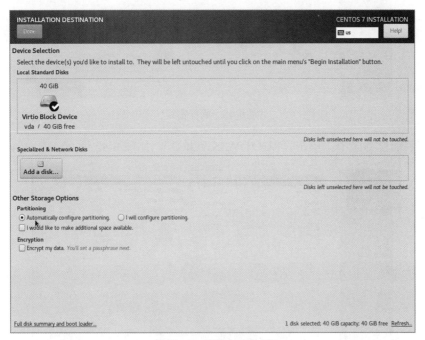

图 6-39　设置自动分区

在"NETWORK & HOST NAME（网络与主机名）"界面中，输入主机名（Host name）为"tmp"，单击"Apply"，如图 6-40 所示。

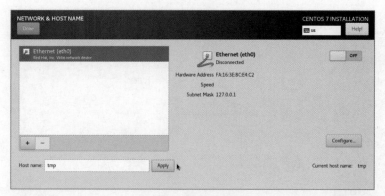

图 6-40　输入主机名

单击 "Begin Installation" 开始安装，如图 6-41 所示。

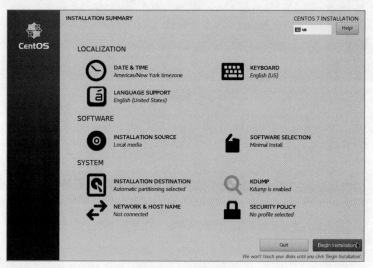

图 6-41　执行安装

在安装配置界面中，单击 "ROOTPASSWORD"，如图 6-42 所示。

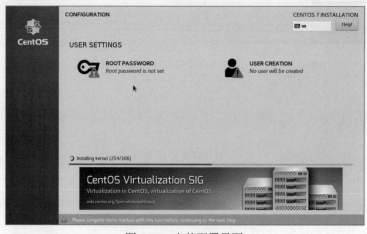

图 6-42　安装配置界面

输入、确认密码，并单击"Done"，如图 6-43 所示。

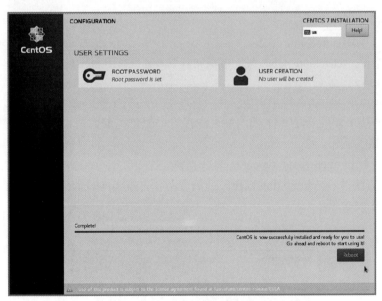

图 6-43　设置密码

安装完成后，单击"Reboot"重启操作系统，如图 6-44 所示。

图 6-44　重启操作系统

因为安装界面没有开启网络，所以重启操作系统后，虚拟机无法获取 IP 地址。我们可以进入弹性云服务器，将网络配置文件"/etc/sysconfig/network-scripts/ifcfg-eth0"中的"ONBOOT"值改为"yes"，保存并退出，再通过"systemctl restart network"命令重启网络服务，最后通过"ip a"命令查看 IP 地址。

3. 安装并配置 cloud-init

在镜像中安装并配置 cloud-init 的目的在于，未来使用镜像创建的云服务器，通过 cloud-init 工具可以自动注入客户的自定义数据，如主机名、静态 IP 和自定义密码等。安装并配置 cloud-init 工具的具体步骤如下。

步骤 1　安装 cloud-init

我们需要为当前云服务器"iso_temp"绑定弹性公网 IP，以连通外网。

执行以下命令下载 yum 源文件。

```
yum install -y epel-release-7-14.noarch.rpm
```

执行以下命令安装 cloud-init。

```
yum install -y cloud-init
```

步骤 2　开放 root 远程登录和连接

在配置文件"/etc/cloud/cloud.cfg"中，将"lock_passwd"设置为"False"表示不锁住用户密码；将"disable_root"的值设置为"0"，表示不禁用（将部分 OS 的 cloud-init 配置为"True"表示禁用，配置为"False"表示不禁用）；设置"ssh_pwauth"的值为"1"，表示启用密码远程登录。启用密码认证如图 6-45 所示。

```
users:
 - name: root
   lock_passwd: False

disable_root: 0
ssh_pwauth:   1
```

图 6-45　启用密码认证

步骤 3　禁用 cloud-init 网络

在配置文件"/etc/cloud/cloud.cfg"中增加以下内容，禁用 cloud-init 网络。

```
network:
  config: disabled
```

注意：增加的内容需严格按照 yaml 格式进行配置。前面留白不能使用"Tab"键，要使用"空格"键。

步骤 4　配置 agent 访问 OpenStack 数据源

在配置文件"/etc/cloud/cloud.cfg"最后一行添加图 6-46 所示的内容，配置 agent 访问 OpenStack 数据源。

```
# vim:syntax=yaml

datasource_list: [ OpenStack ]
manage_etc_hosts: localhost
datasource:
  OpenStack:
    metadata_urls: ['http://          ]
    max_wait: 120
    timeout: 5
    apply_network_config: false
```

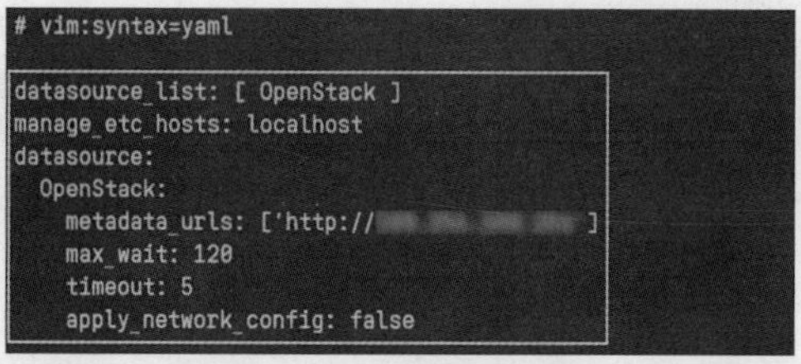

图 6-46　配置 agent

步骤 5　防止启动等待

在配置文件"/etc/cloud/cloud.cfg"中补充以下内容。

```
manage_etc_hosts: localhost
```

防止启动弹性云服务器时，系统长时间处于"Waiting for cloudResetPwdAgent"状态。

步骤 6　提高云服务器 ssh 的登录速度

修改配置文件"cloud_init_modules"中的内容，将 ssh 提前到第一位，如图 6-47 所示。

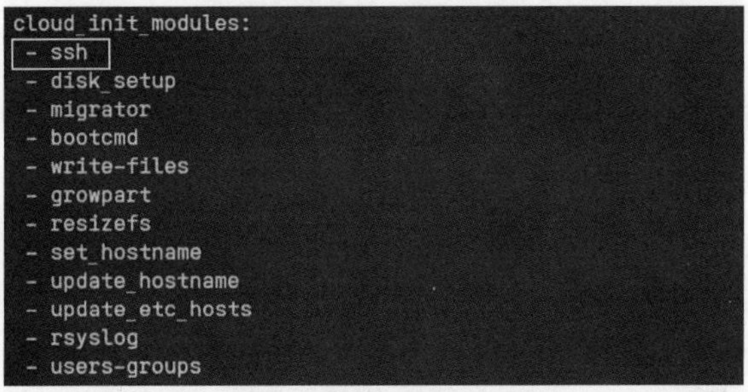

图 6-47　提高登录速度

修改完成后按"ESC"键退出编辑模式，输入":wq"命令保存文件内容并退出。

步骤 7　禁用默认路由

CentOS、EulerOS 操作系统云服务器必须禁用默认的 ZEROCONF 路由，以便精确访问 OpenStack 数据源。命令如下。

```
echo "NOZEROCONF=yes" >> /etc/sysconfig/network
```

步骤 8　开启 root 登录认证

执行"vi /etc/ssh/sshd_config"命令，在 vi 编辑器中打开配置文件"/etc/ssh/sshd_config"。

将配置文件"/etc/ssh/sshd_config"中的"PasswordAuthentication"及"PermitRootLogin"的参数值都修改为"yes"。

步骤 9　修改云服务器名称格式

修改配置，使镜像创建的云服务器主机名不带".novalocal"后缀（主机名称中可以带点号）。

执行以下命令，修改"__init__.py"文件。

```
vi /usr/lib/python2.7/site-packages/cloudinit/sources/__init__.py
```

不同的操作系统安装的 Python 版本有差异，请选择对应的路径。

按"i"键进入编辑模式，将参数 toks=["ip-%s"% lhost.replace("·", "–")]替换为 toks=lhost.split(".novalocal")。修改内容如图 6-48 所示。

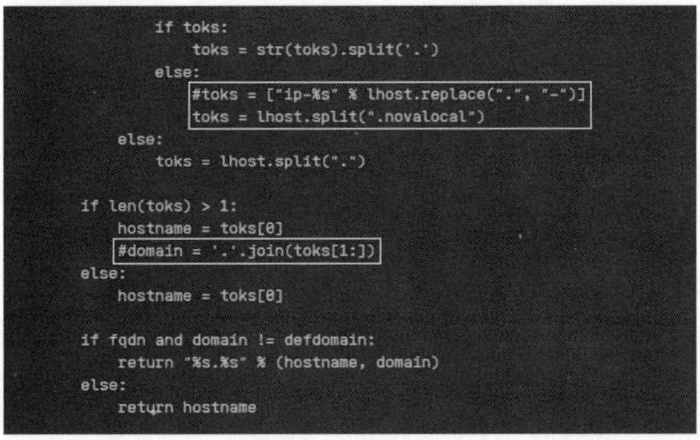

图 6-48　修改内容

修改完成后按"Esc"键退出编辑模式，输入":wq"命令保存文件内容并退出。

步骤 10　删除编译文件及日志信息

执行"cd /usr/lib/python2.7/site-packages/cloudinit/sources/"命令进入"sources"文件夹。

执行以下命令，删除"__init__.pyc"文件和"__init__.pyo"文件。

```
rm -rf __init__.pyc
rm -rf __init__.pyo
```

执行以下命令，清理日志信息。

```
rm -rf /var/lib/cloud/*
rm -rf /var/log/cloud-init*
```

步骤 11　设置日志处理方式

执行以下命令编辑 cloud-init 日志输出路径配置文件，设置日志处理方式为 handlers，建议将其配置为"cloudLogHandler"。

```
vi /etc/cloud/cloud.cfg.d/05_logging.cfg

[logger_cloudinit]
level=DEBUG
qualname=cloudinit
handlers=cloudLogHandler
propagate=1
```

步骤 12　验证 cloud-init 配置

执行"cloud-init···'init-local'"命令，回显以下内容，表示配置成功。

```
cloud-init v. 19.4 running 'init-local' at Fri, 28 Oct 2022 01:22:44 +0000.
Up 39936.23 seconds.
```

步骤 13　再次清除日志

"步骤 12"会再次产生日志，因此需要执行以下命令再次清空"/var/lib/cloud/"目录下的日志。

```
rm -rf /var/lib/cloud/*
```

至此完成 cloud-init 的安装配置。

4．安装重置密码插件

安装重置密码插件的目的在于，用户使用云服务器时如果忘记密码，可以在弹性云服务器列表中单击"重置密码"来修改密码。具体操作步骤如下。

步骤 1　安装系统所需工具

默认最小化安装的 Linux，没有"wget""zip""unzip"等工具。执行以下命令安装工具。

```
yum install -y wget zip unzip
```

步骤 2　下载重置密码插件

在华为云官网搜索 CloudResetPwdAgent.zip，下载重置密码插件。

步骤 3　解压并安装密码插件

通过"unzip"命令解压 zip 包。

```
unzip CloudResetPwdAgent.zip
```

执行以下命令，进入文件 CloudResetPwdUpdateAgent.Linux。

```
cd CloudResetPwdAgent/CloudResetPwdUpdateAgent.Linux
```

执行以下命令为文件 setup.sh 添加执行权限。

```
chmod +x setup.sh
```

执行以下命令，安装插件。

```
./setup.sh
```

步骤 4 验证密码插件

执行以下命令，检查密码重置插件是否安装成功。

```
service CloudResetPwdAgent status
service CloudResetPwdUpdateAgent status
```

如果 CloudResetPwdAgent 和 CloudResetPwdUpdateAgent 两个服务的状态均不是 "unrecognized service"，那么表示插件安装成功，否则表示安装失败。

5. 清除个性化信息

为了保证通过镜像创建的每台云服务器的密钥和 ID 不一样，需要清除个性化信息，具体操作步骤如下。

步骤 1 修改网卡信息

执行以下命令，修改网卡信息。

```
vi /etc/sysconfig/network-scripts/ifcfg-eth0
```

要修改的具体内容如下。

```
TYPE=Ethernet
BOOTPROTO=dhcp
NAME=eth0
DEVICE=eth0
ONBOOT=yes
```

修改完成后按 "Esc" 键退出编辑模式，输入 ":wq" 命令保存文件内容并退出。

步骤 2 删除密钥文件

执行以下命令删除密钥文件。

```
rm -rf /etc/ssh/ssh_host_*
```

步骤 3 清除 MachineID

执行以下命令清除 MachineID。

```
cat /dev/null > /etc/machine-id
```

步骤 4 关闭 ECS

执行 "init 0" 命令关闭当前云服务器。

6. 创建镜像

将配置好并且已关机的临时云服务器 "iso_temp" 创建为系统盘镜像。在镜像服务界面中，单击 "创建私有镜像"，如图 6-49 所示。

图 6-49 创建私有镜像 5

选择创建方式为"创建私有镜像",镜像类型为"系统盘镜像",选择镜像源为"云服务器",名称为"iso_temp",如图 6-50 所示。

图 6-50　配置镜像类型和来源 4

输入名称"iso-img",如图 6-51 所示。

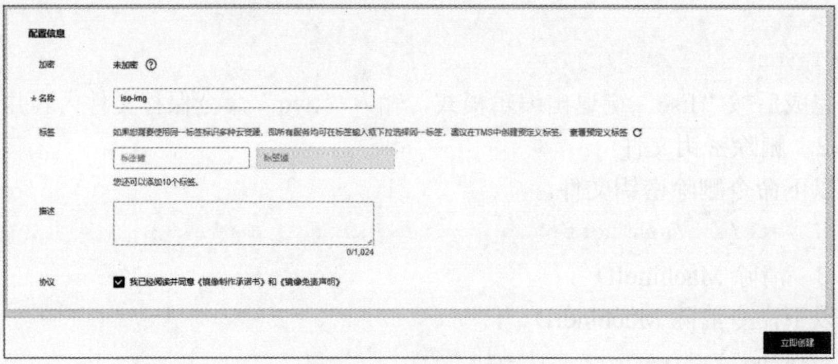

图 6-51　输入名称

确认无误后,单击"提交",如图 6-52 所示。

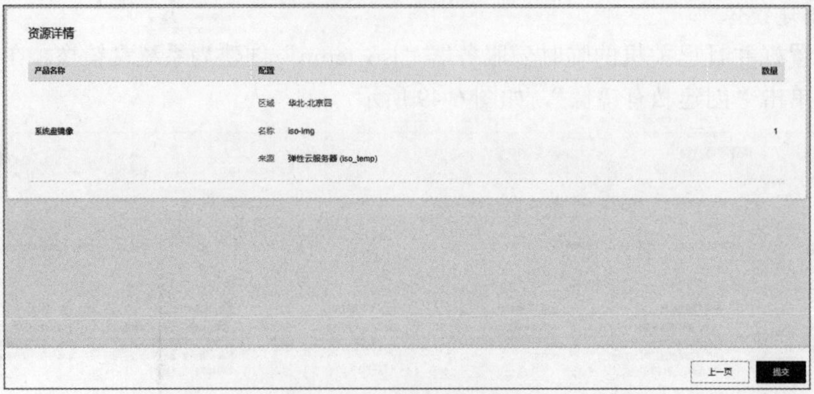

图 6-52　单击"提交"

7. 创建弹性云服务器

创建私有镜像"iso-img"后，在镜像服务列表中，在该镜像右边单击"申请服务器"，如图 6-53 所示。

图 6-53　申请服务器

私有镜像将自动加载"iso-img"，如图 6-54 所示。

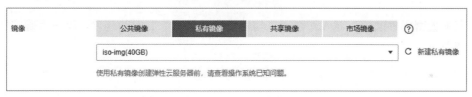

图 6-54　加载镜像

使用该私有镜像，创建弹性云服务器，名称为"ecs-iso"，如图 6-55 所示。

图 6-55　创建弹性云服务器 3

最后，登录弹性云服务器查看主机名及 IP 地址，如图 6-56 所示。

```
[root@ecs-iso ~]# hostname
ecs-iso
[root@ecs-iso ~]# ifconfig |grep inet
        inet 192.168.1.73  netmask 255.255.255.0  broadcast 192.168.1.255
        inet6 fe80::f816:3eff:fe8c:e42d  prefixlen 64  scopeid 0x20<link>
        inet 127.0.0.1  netmask 255.0.0.0
        inet6 ::1  prefixlen 128  scopeid 0x10<host>
[root@ecs-iso ~]#
```

图 6-56　查看信息

系统显示的主机名和创建弹性云服务器自定义的主机名一致，IP 地址和云主机列表获取的私有 IP 地址一致。下面我们尝试重置密码，在云主机列表选择对应的主机，单击"更多"，在下拉菜单中选择"重置密码"，如图 6-57 所示。

图 6-57　选择"重置密码"

在重置密码界面中，输入新密码，勾选"自动重启"后面的选项，单击"确定"，如图 6-58 所示。

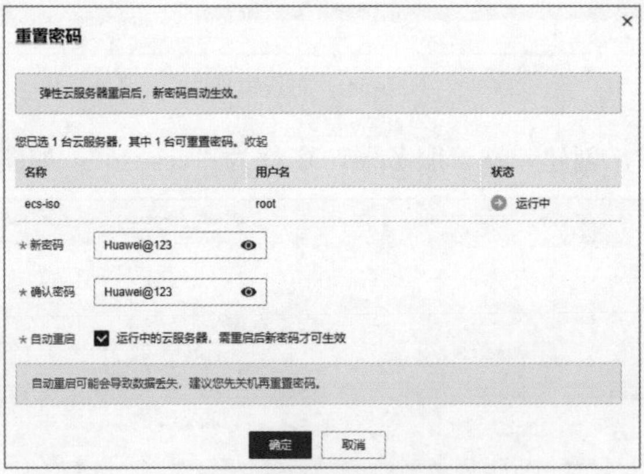

图 6-58　设置密码

待云主机重启后，使用新密码登录，如图 6-59 所示。

图 6-59　使用新密码登录

如果以上操作全部确认无误，那么我们通过临时云服务器创建的私有镜像就没有问题了。至此，通过 ISO 镜像创建私有镜像的操作完成。

6.3　共享镜像

共享镜像就是把自己的私有镜像共享给其他用户使用。同一个区域内的镜像可以被直接分享，跨区分享需要先将镜像复制到对应区域内。

6.3.1　共享镜像的操作

接前面的实验，例如当前用户"cloudsc"在"华北-北京四"区域下有一个私有镜像，名称为"iso-img"，现在要把它分享给用户"cloudcs"，具体操作步骤如下。

步骤 1　获取项目 ID

首先要获取到用户"cloudcs"的项目 ID。在用户"cloudcs"的华为云界面中，单击"我的凭证"，如图 6-60 所示。

图 6-60　单击"我的凭证"

在 API 凭证界面的项目列表中，查看并复制对应区域"华北-北京四"的项目 ID，如图 6-61 所示。

IAM用户名	cloudcs			账号名	cloudcs
IAM用户ID	▨▨▨▨▨▨			账号ID	▨▨▨▨▨▨

项目列表　　　　　　　　　　　　　　　　　　　　　　　请输入项目名称进行搜索　🔍

项目ID ↓≡	项目 ↓≡	所属区域 ↓≡
▨▨▨▨▨▨▨	cn-north-4	华北-北京四
▨▨▨▨▨▨▨	cn-north-9	华北-乌兰察布一
⊞ ▨▨▨▨▨▨▨	cn-east-3	华东-上海一

图 6-61　查看并复制对应区域的项目 ID

步骤 2　分享镜像

用户"cloudsc"在镜像服务列表中，在私有镜像"iso-img"右边单击"更多"，在下拉菜单中选择"共享"，如图 6-62 所示。

图 6-62　共享镜像

在共享镜像界面中，输入前面获取的用户"cloudcs"对应区域"华北-北京四"的项目 ID，并单击"确定"，如图 6-63 所示。

图 6-63　设置项目 ID

步骤 3　接受镜像

用户"cloudcs"在镜像服务列表中单击"共享镜像"，在共享镜像列表中选择镜像并单击"接受"，如图 6-64 所示。

接受镜像后，用户"cloudcs"即可通过该共享镜像，创建弹性云服务器，如图 6-65 所示。

图 6-64　接受镜像

图 6-65　创建弹性云服务器 4

6.3.2　复制镜像的操作

通过共享镜像，用户"cloudcs"可以在"华北-北京四"区域创建弹性云服务器，如果切换区域呢？

在默认情况下，共享镜像不可以跨区域使用，如用户"cloudcs"从区域"华北-北京四"切换至区域"华东-上海一"，在共享镜像列表中是看不到该共享镜像的。这时可以首先在"华北-北京四"区域将该共享镜像复制一份，保存至私有镜像，然后把私有镜像跨区域复制到"华东-上海一"区域，最后就可以在"华东-上海一"区域下使用该共享镜像了。跨区域复制镜像的具体操作步骤如下。

步骤 1　复制共享镜像并将其保存为私有镜像

在共享镜像列表中，在对应的共享镜像右边单击"更多"，在下拉菜单中单击"复制"，如图 6-66 所示。

图 6-66　复制镜像

在复制镜像界面中，输入名称"copy_iso-img"，单击"确定"，如图 6-67 所示。

图 6-67　配置名称

复制的该镜像被放在私有镜像列表中，单击"私有镜像"可以查看，如图 6-68 所示。

图 6-68　查看私有镜像列表

步骤 2　跨区域复制镜像

在"华北-北京四"区域的私有镜像列表中，在对应镜像右边单击"更多"，在下拉菜单中单击"复制"，如图 6-69 所示。

在复制镜像界面中，选择目的区域"华东-上海一"，目的项目为"cn-east-3"，选择对应的 IAM 委托，单击"确定"，如图 6-70 所示。

需要注意的是，这里的 IAM 委托，必须基于云服务，且具备 IMS Administrator 权限。填写委托名称，选择委托类型，填写云服务及持续时间，单击"下一步"，如图 6-71 所示。

图 6-69 跨区域复制镜像

图 6-70 配置复制镜像信息

图 6-71 创建委托

选择系统角色"IMS Administrator",单击"下一步",如图 6-72 所示。

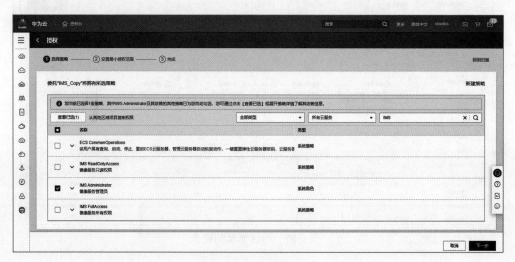

图 6-72　设置授权

在申请状态界面中,可以看到处理进度,如图 6-73 所示。

图 6-73　查看申请状态处理进度

跨区域复制依托的是对象存储服务的公共带宽,复制速度慢,高峰期可能会导致任务失败,建议直接将镜像传至对象存储服务桶,然后进行下载和导入操作。申请状态达到 100%后,就可以在"华东-上海一"区域的镜像服务列表中看到复制的私有镜像。单击"申请服务器",即可创建弹性云服务器,如图 6-74 所示。

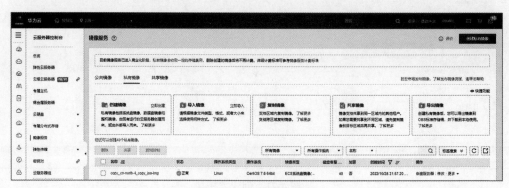

图 6-74　私有镜像列表

第 7 章
弹性负载均衡
及弹性伸缩

本章主要内容

随着线上业务的发展，一些电商平台、游戏平台或门户网站等都会面临高并发访问和海量数据处理等压力。系统架构中各个设备的处理能力和计算强度有限，使单一设备面临巨大的压力甚至无法承担。如果淘汰现有设备升级硬件，会增加高额的硬件成本，一旦业务高峰退去，又会造成硬件资源闲置，从而浪费资源。为了解决这个问题，华为公有云针对云上业务提供了弹性负载均衡及弹性伸缩。

7.1　弹性负载均衡

7.1.1　弹性负载均衡简介

电商平台、游戏平台或者门户网站都会运行在后端服务器上，但是随着业务量激增，单台服务器很难支撑现有应用并发和网络压力。

在传统 IT 系统架构中，工作人员往往会在后端放置很多服务器来应对高并发和大流量，但是一旦服务器多了，客户端的连接就会变得复杂，例如应该连接哪台服务器？服务器的资源是否均衡？万一连接的服务器死机怎么办？这时，工作人员会在服务器前端加上一个负载均衡层。负载均衡层不仅可以使所有客户端通过一个浮动 IP 访问服务器，而且可以使工作人员通过负载均衡器不同的算法实现动态的资源均衡。更重要的是不管后端哪一台服务器出现故障，连接在该服务器上的会话都会通过浮动 IP 漂移到其他服务器节点上，保证业务的连续性。

在云业务场景中，我们可以通过弹性负载均衡（ELB）服务来实现上述功能。弹性负载均衡是根据分配策略将访问流量分发到后端多台服务器的流量分发控制服务。弹性负载均衡可以通过流量分发提高应用系统对外的服务能力，同时通过消除单点故障提升应用系统的可用性。弹性负载均衡架构如图 7-1 所示。

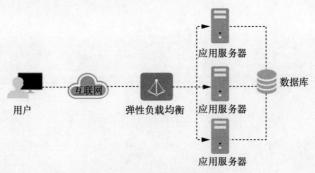

图 7-1　弹性负载均衡架构

7.1.2　弹性负载均衡的配置

下面我们用 3 台已部署 Web 服务器的弹性云服务器演示弹性负载均衡，具体操作步骤如下。

步骤 1　创建弹性云服务器

利用系统盘镜像"web-img"创建 3 台弹性云服务器，名称分别为"web01""web02"

"web03"，不需要绑定弹性公网 IP，如图 7-2 所示。

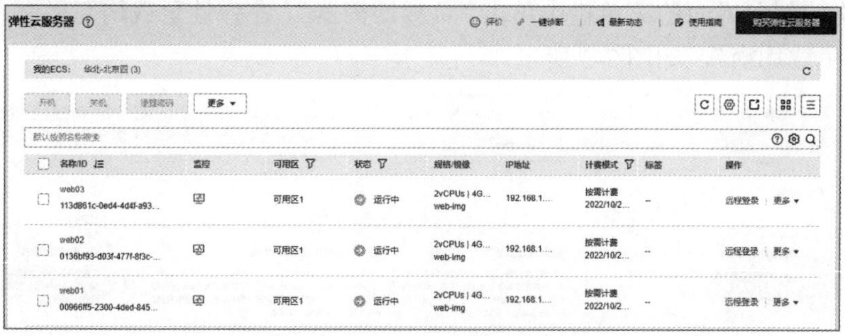

图 7-2　创建 3 台弹性云服务器

　　为了方便演示弹性负载均衡的效果，我们分别登录 3 台弹性云服务器，执行"cd /var/ www/html"命令打开"html"文件夹，并执行"vi index.html"命令将主机名添加到各自的 Web 页面中，以区分 3 台弹性云服务器。

　　"web01"的"index.html"内容如下。

```html
<html>
    <head>
    <metacharset="utf-8">
    <title>CloudCS</title>
    </head>
    <body>
    <h1 align="center">web01-你好, 云服务 !</h1>
    </body>
</html>
```

　　"web02"的"index.html"内容如下。

```html
<html>
    <head>
    <metacharset="utf-8">
    <title>CloudCS</title>
    </head>
    <body>
    <h1 align="center">web02-你好, 云服务 !</h1>
    </body>
</html>
```

　　"web03"的"index.html"内容如下。

```html
<html>
    <head>
    <metacharset="utf-8">
    <title>CloudCS</title>
    </head>
    <body>
    <h1 align="center">web03-你好, 云服务 !</h1>
    </body>
</html>
```

步骤 2　创建弹性负载均衡

在网络控制台界面的菜单栏中单击"负载均衡器"，在弹性负载均衡界面右上角单击
"购买弹性负载均衡"，如图 7-3 所示。

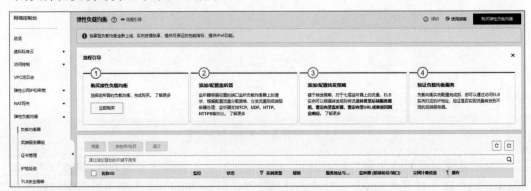

图 7-3　购买弹性负载均衡

选择实例类型为"共享型"。相比共享型弹性负载均衡，独享型弹性负载均衡支持多
可用区和 IPv6 功能，具备更好的转发性能和稳定性，支持更大的并发数，用户可以根据
实际业务情况选择弹性负载均衡的类别。选择计费模式为"按需计费"，区域为"华北-
北京四"，如图 7-4 所示。

图 7-4　基础配置

选择所属 VPC 为"VPC1"，子网为"Subnet-A"，弹性公网 IP 为"新创建"，其他
保持默认，如图 7-5 所示。客户端可以通过外网访问绑定了弹性公网 IP 的负载均衡器。

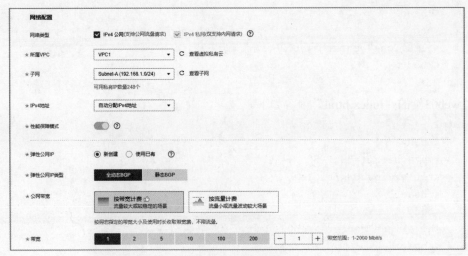

图 7-5　网络配置

输入名称"elb-web"，单击"立即购买"，如图 7-6 所示。

图 7-6　立即购买

确认信息无误后，单击"提交"，如图 7-7 所示。

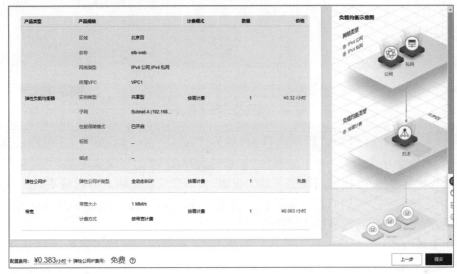

图 7-7　确认提交

步骤 3　配置监听器

在弹性负载均衡列表中，找到"elb-web"，在监听器字段下面单击"去添加"，如图 7-8 所示。

图 7-8　添加监听器

输入名称"listener-web"，选择前端协议为"HTTP"。用户可以根据不同的应用场景选择适合的协议，TCP 主要适用于对数据准确性要求高的场景，如文件传输、邮件、远程登录等；UDP 主要适用于对实时性要求高的场景，如视频聊天、游戏、股票软件等；HTTP 主要适用于需要对数据内容进行识别的应用，如 Web 应用、移动互联网客户端应用等；HTTPS 适用于需要加密传输的应用。填写前端端口"80"，单击"下一步：配置后端分配策略"，如图 7-9 所示。

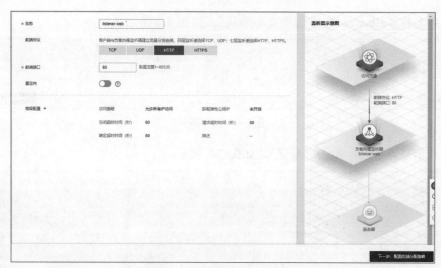

图 7-9   填写监听器名称及端口

选择后端服务器组为"新创建",名称为"server_group-web",后端协议默认为 "HTTP"。分配策略类型有 3 种,分别为"加权轮询算法""加权最少连接""源 IP 算法"。

"加权轮询算法"会根据后端服务器的权重,按顺序依次将请求分发给不同的服务器,常用于短连接服务,例如 HTTP 服务。权重大的后端服务器被分配的概率大,相同权重的服务器用于处理相同数目的连接数。

"加权最少连接"就是在最少连接数的基础上,根据服务器的不同处理能力,给每个服务器分配不同的权重,使其能够接受相应权值数的服务请求。其常用于长连接服务,例如数据库连接服务。

"源 IP 算法"会根据请求的源 IP 地址进行一致性哈希运算,得到一个具体的数值,同时对后端服务器进行编号,按照运算结果将请求分发到对应编号的服务器上,使同一个客户端 IP 的请求始终被派发至某特定的服务器。该方式适合弹性负载均衡无缓存功能的 TCP。

这里我们选择"加权轮询算法",并单击"下一步:添加后端服务器",如图 7-10 所示。

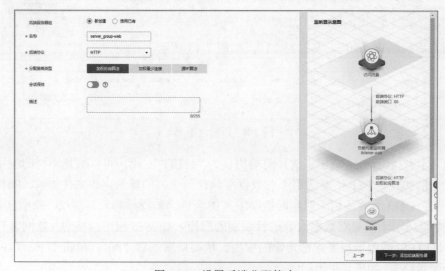

图 7-10   设置后端分配策略

在后端服务器界面中，单击"添加云服务器"，如图 7-11 所示。

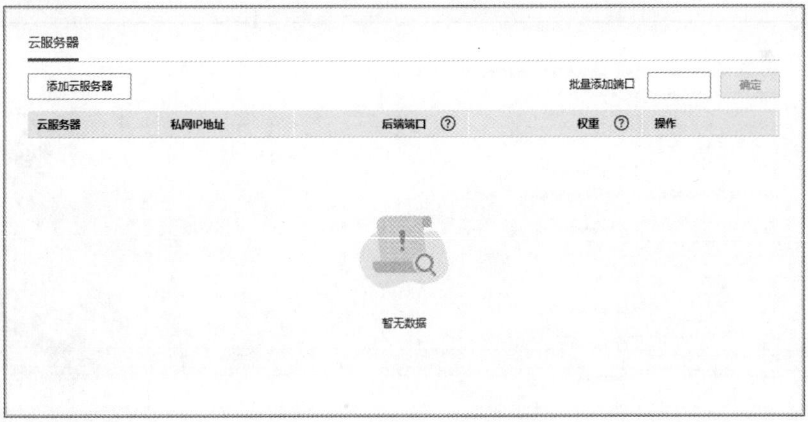

图 7-11　添加云服务器

勾选 3 台云服务器，并单击"确定"，如图 7-12 所示。

图 7-12　选择云服务器

输入后端端口"80"，权重为"1"，如图 7-13 所示。

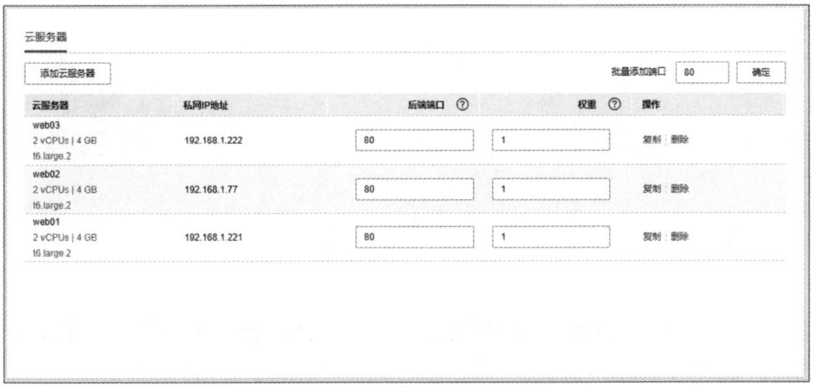

图 7-13　输入后端端口及权重

开启健康检查，保持默认参数，单击"下一步：确认配置"，如图 7-14 所示。

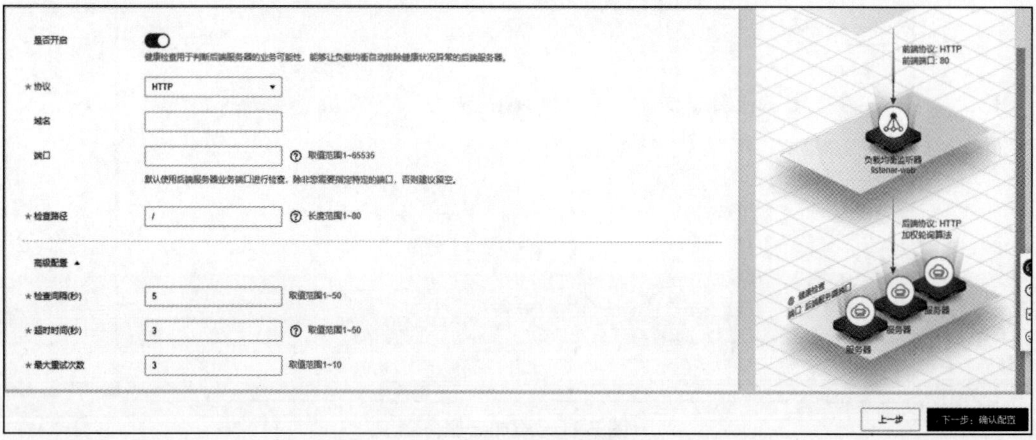

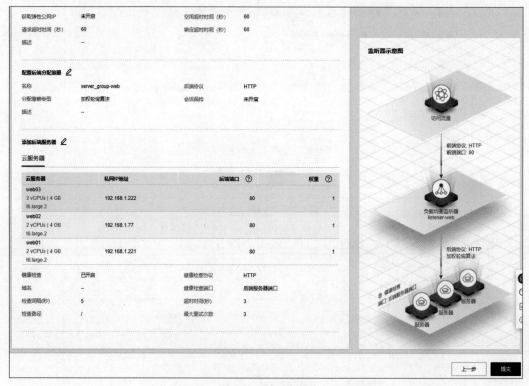

图 7-14　配置健康检查

检查配置信息，确认无误后，单击"提交"，如图 7-15 所示。

图 7-15　确认提交

配置好监听后，后端服务器组中的云服务器健康检查结果会显示异常，稍作等待后变为"正常"，如图 7-16 所示。

图 7-16　查看后端服务器状态

1．弹性负载均衡的演示

弹性负载均衡的演示步骤如下。

步骤 1　准备客户端

为了可以呈现更加直观的效果，现在创建 5 台 Windows 弹性云服务器作为访问 Web 服务器的客户端，名称为"windows-0001"……"windows-0005"，如图 7-17 所示。

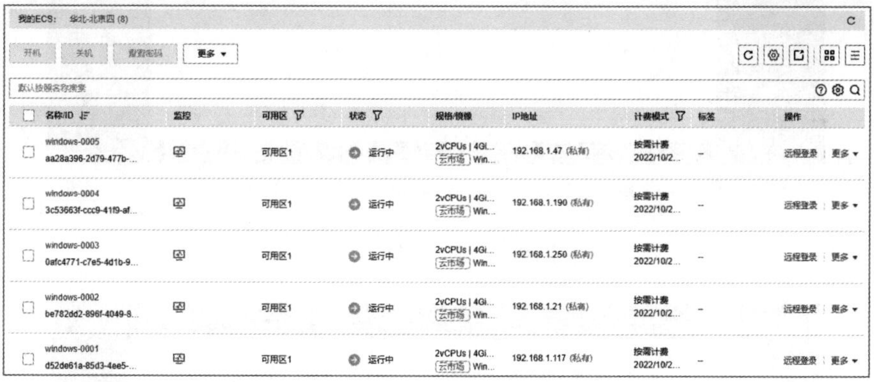

图 7-17　创建 5 台 Windows 弹性云服务器

步骤 2　获取弹性负载均衡服务地址

在弹性负载均衡列表中，查看对应弹性负载均衡的服务地址，如图 7-18 所示。

图 7-18　查看弹性负载均衡的服务地址

这里需要注意的是，在"步骤 1"中创建的 5 台 Windows 弹性云服务器，因为没有绑定弹性公网 IP，所以作为客户端，无法通过弹性负载均衡的弹性公网 IP 来访问服务。当前服务器、弹性负载均衡和客户端都处于同一个虚拟私有云内网场景下，我们直接使用弹性负载均衡的私有 IP 地址（192.168.1.58）即可。如果客户端和弹性负载均衡不属于同一个内部网络，则必须通过弹性负载均衡的弹性公网 IP 来访问服务。

步骤 3　客户端访问弹性负载均衡

分别登录 5 台弹性云服务器，打开浏览器，输入弹性负载均衡私有 IP 地址进行访问。（如果客户端是外网环境，必须输入弹性负载均衡的弹性公网 IP）

"windows-0001"的访问效果，如图 7-19 所示。

图 7-19　　"windows-0001"的访问效果

"windows-0002"的访问效果，如图 7-20 所示。

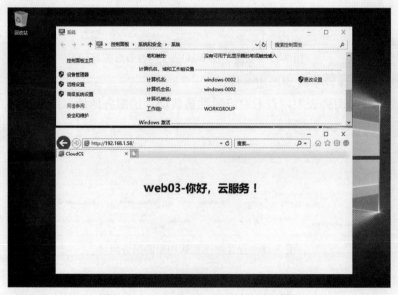

图 7-20　　"windows-0002"的访问效果

"windows-0003"的访问效果，如图 7-21 所示。

图 7-21　"windows-0003"的访问效果

"windows-0004"的访问效果，如图 7-22 所示。

图 7-22　"windows-0004"的访问效果

"windows-0005"的访问效果,如图 7-23 所示。

图 7-23 "windows-0005"的访问效果

通过实验我们发现,"windows-0001"和"windows-0003"两台客户端被弹性负载均衡分配到了"web01"服务器上,"windows-0004"和"windows-0005"两台客户端被弹性负载均衡分配到了"web02"服务器上,而"windows-0002"客户端被弹性负载均衡分配到了"web03"服务器上,做到了相对负载均衡。

2. 动态漂移的演示

如果这时后端某台服务器出现故障,那么连接在该服务器上的客户端会通过弹性负载均衡漂移到其他节点。会话动态漂移的演示步骤如下。

步骤 1 关闭"web01"服务器

模拟"web01"服务器死机,将其关闭,如图 7-24 所示。

图 7-24 关闭"web01"服务器

步骤 2 刷新客户端连接

重点观察之前连接在"web01"服务器上的两台客户端"windows-0001"和"windows-0003"。刷新网页,我们会发现它们被弹性负载均衡分别连接到了"web02"和"web03"服务器上。

刷新后"windows-0001"的访问效果，如图 7-25 所示。

图 7-25 刷新后"windows-0001"的访问效果 1

刷新后"windows-0003"的访问效果，如图 7-26 所示。

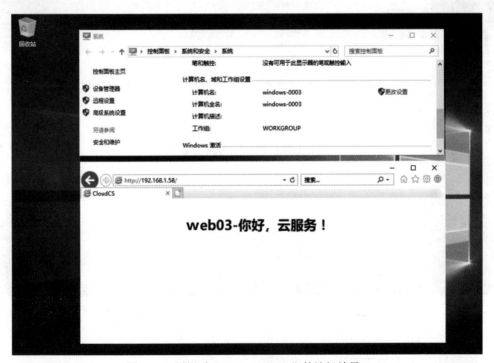

图 7-26 刷新后"windows-0003"的访问效果 1

步骤 3　关闭"web02"服务器并再次刷新客户端连接

接着关闭"web02"服务器，只剩下"web03"服务器，如图 7-27 所示。

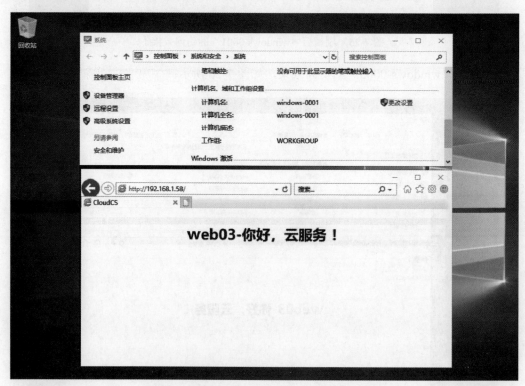

图 7-27　关闭"web02"服务器

刷新客户端连接，我们会发现所有的客户端都被弹性负载均衡漂移到了"web03"服务器上。刷新后"windows-0001"的访问效果，如图 7-28 所示。

图 7-28　刷新后"windows-0001"的访问效果 2

刷新后"windows-0002"的访问效果，如图 7-29 所示。

刷新后"windows-0003"的访问效果，如图 7-30 所示。

图 7-29　刷新后"windows-0002"的访问效果

图 7-30　刷新后"windows-0003"的访问效果 2

刷新后"windows-0004"的访问效果，如图 7-31 所示。

图 7-31　刷新后"windows-0004"的访问效果

刷新后"windows-0005"的访问效果，如图 7-32 所示。

图 7-32　刷新后"windows-0005"的访问效果

再次启动"web01"和"web02"服务器后,弹性负载均衡会根据分配策略对客户端连接进行漂移,以实现负载均衡。

7.2　弹性伸缩

7.2.1　弹性伸缩简介

对于电商、直播、社交等平台来说,有些突发流量往往是无法提前预料的,等平台发现时,可能已经来不及处理了。即便为了支撑热点活动或事件的顶级流量,平台会提前部署大量服务器来保障业务的正常运行,但是热点一过,这些服务器的资源就被闲置,利用率会大大降低。

这时我们会想,有没有办法让后端的服务器根据业务流量自动增加或释放相应资源呢?负载过高,则动态扩展;业务量或热点降低,则动态释放。这种弹性伸缩,既保证了业务的稳定性,又相对节省了资源和成本。

弹性伸缩(AS)可以根据用户的业务需求量,通过设置伸缩规则自动增加或缩减业务资源。当业务需求量增加时,弹性伸缩自动增加弹性云服务器实例或带宽资源,以保证业务的开展;当业务需求量减少时,弹性伸缩自动缩减弹性云服务器实例或带宽资源,以节约成本。这样不仅减少了人为反复调整资源以应对业务变化和高峰压力的工作量,而且节约了资源。弹性伸缩示例如图 7-33 所示。

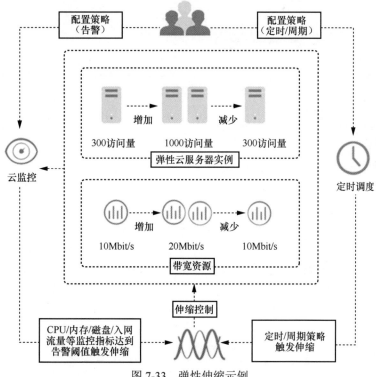

图 7-33　弹性伸缩示例

7.2.2 弹性伸缩的配置

1. 创建伸缩配置

在云服务器控制台的菜单栏中选择"伸缩实例",在右上角单击"创建伸缩配置",如图 7-34 所示。

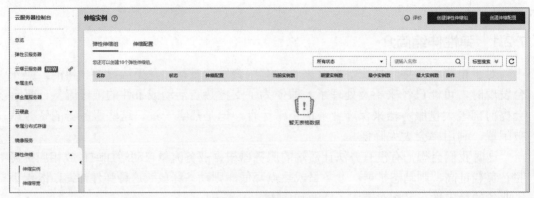

图 7-34 伸缩实例界面

选择区域为"华北-北京四",输入名称"as-config-01",选择配置模板为"使用已有云服务器规格为模板",再单击"请选择云服务器",如图 7-35 所示。

图 7-35 填写名称并选择配置模板

在弹出的云服务器列表中选择"web01",并单击"确定",如图 7-36 所示。

图 7-36 选择"web01"

需要注意的是，这里选择的"web01"模板，并不是要根据"web01"云服务创建新的弹性云服务器，而是通过"web01"之前使用的模板镜像"web-img"来创建新的弹性云服务器，如图 7-37 所示。

图 7-37　配置模板

选择弹性公网 IP 为"不使用"，表示未来通过镜像"web-img"弹性伸缩的弹性云服务器不绑定弹性公网 IP。选择登录方式为"密码"，输入密码并单击"立即创建"，如图 7-38 所示。

图 7-38　选择登录方式并输入密码

伸缩配置创建成功后，伸缩实例列表如图 7-39 所示。

图 7-39　伸缩实例列表

2. 创建弹性伸缩组

创建完伸缩配置，需要为其创建弹性伸缩组。在云服务器控制台的菜单栏中选择"伸缩实例"，在右上角单击"创建弹性伸缩组"，如图 7-40 所示。

图 7-40　创建弹性伸缩组

选择区域为"华北-北京四"，根据业务实际情况选择可用区（可用区越靠前优先级越高），选择多可用区扩展策略为"均衡分布"，如图 7-41 所示。

图 7-41　选择可用区及多可用区扩展策略

输入弹性伸缩组名称为"as-group-01"。输入最大实例数为"10"，表示业务高峰期，最多将扩充 10 台弹性云服务器。输入期望实例数为"3"，表示伸缩组每次完成弹性伸缩的实例数为 3。期望实例数总是和实际的实例数保持一致。输入最小实例数为"2"，表示最少运行 2 台。注意：最大实例数、期望实例数及最小实例数均不包含原有业务实例。实例数的配置如图 7-42 所示。

图 7-42　实例数的配置

选择健康检查方式为"云服务器健康检查"，健康检查间隔为"5 分钟"，健康状况检查宽限期为"600"秒，单击"立即创建"，如图 7-43 所示。

图 7-43　配置健康检查

查看弹性伸缩组实例，如图 7-44 所示。

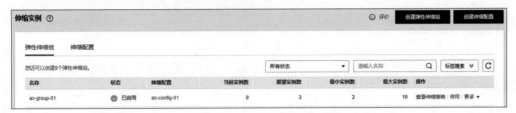

图 7-44　查看弹性伸缩组实例

因为弹性伸缩组被配置了期望实例数，所以系统会按照期望实例数创建 3 台弹性云服务器，如图 7-45 所示。

图 7-45　新创建 3 台弹性云服务器

这 3 台弹性云服务器会被自动加入弹性负载均衡的后端服务器组。加上之前的 3 台弹性云服务器，后端服务器组共有 6 台弹性云服务器。列表的第 1 页只显示了 5 台，如图 7-46 所示。

图 7-46　后端服务器组界面 1

列表第 2 页显示 1 台弹性云服务器，如图 7-47 所示。

图 7-47　后端服务器组界面 2

分别登录 3 台弹性云服务器，执行"cd /var/www/html"命令打开"html"文件夹，并执行"vi index.html"命令将以下内容写入 html 文件。

第一台弹性云服务器的内容如下。

```html
<html>
    <head>
    <metacharset="utf-8">
    <title>CloudCS</title>
    </head>
    <body>
    <h1 align="center">web04-你好，云服务 !</h1>
    </body>
</html>
```

第二台弹性云服务器的内容如下。

```html
<html>
    <head>
    <metacharset="utf-8">
    <title>CloudCS</title>
    </head>
    <body>
    <h1 align="center">web05-你好，云服务 !</h1>
    </body>
</html>
```

第三台弹性云服务器的内容如下。

```html
<html>
    <head>
```

```
<metacharset="utf-8">
<title>CloudCS</title>
</head>
<body>
<h1 align="center">web06-你好，云服务 !</h1>
</body>
</html>
```

　　登录 5 台 Windows 弹性云服务器，打开浏览器，再次输入弹性负载均衡私有 IP 地址进行访问。（如果客户端是外网环境，必须输入弹性负载均衡的弹性公网 IP）

　　"windows-0001"的访问效果，如图 7-48 所示。

图 7-48　"windows-0001"的访问效果

　　"windows-0002"的访问效果，如图 7-49 所示。

图 7-49　"windows-0002"的访问效果

"windows-0003"的访问效果，如图 7-50 所示。

图 7-50　"windows-0003"的访问效果

"windows-0004"的访问效果，如图 7-51 所示。

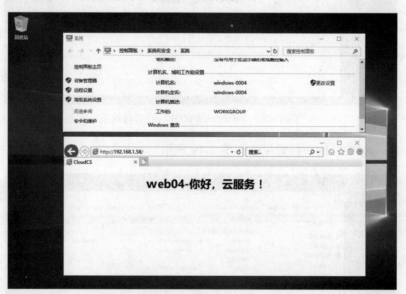

图 7-51　"windows-0004"的访问效果

"windows-0005"的访问效果，如图 7-52 所示。

通过上述实验我们发现，每一台 Windows 客户端访问的服务器都不一样，这是因为当前服务器的数量大于客户端数量，被弹性负载均衡分配后，一台服务器服务一个客户端，也说明新加入的 3 台弹性云服务器生效了。

现在仅仅是初始化阶段，弹性云服务器会按照首次配置，启动 3 台，但并不会随着业务量的改变而动态改变服务器数量，因为我们还没有配置伸缩策略。

图 7-52　"windows-0005"的访问效果

3. 创建伸缩策略——增加

配置伸缩策略的目的就是告诉系统在什么情况下增加或减少服务器数量。在弹性伸缩组列表中单击"查看伸缩策略",如图 7-53 所示。

图 7-53　弹性伸缩组列表

在"伸缩策略"标签中,单击"添加伸缩策略",如图 7-54 所示。

图 7-54　添加伸缩策略 1

输入策略名称为"as-policy-01";选择策略类型为"告警策略",就是通过设置触发条件进行告警提示并执行相应的策略操作。输入告警规则名称为"as-alarm-cpu01",设置触发条件为"CPU 使用率"的"最大值"">（大于）""80"%。设置监控周期为"5 分钟"，连续出现次数为"1"，如图 7-55 所示。这里的连续出现次数指探测结果连续几次符合用户设置的规则，才会触发告警。例如将其设置为 3，则表示连续 3 次超过阈值才会触发告警。

图 7-55   设置伸缩策略 1

一旦触发了上述告警，则执行动作"增加""2""个实例"；冷却时间默认为"300"秒，冷却时间是指冷却伸缩活动的时间，每次完成伸缩活动后，系统开始计算冷却时间。在冷却时间内，系统会拒绝由告警策略触发的伸缩活动，但不会限制其他类型的伸缩活动。最后单击"确定"，如图 7-56 所示。

图 7-56   设置增加动作

创建成功后，查看伸缩策略，如图 7-57 所示。

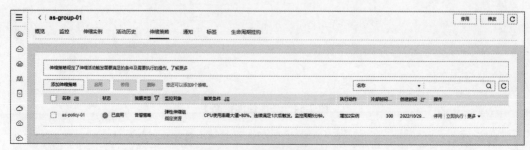

图 7-57   查看伸缩策略 1

这个伸缩策略针对哪些实例生效呢？单击"伸缩实例"标签，即可查看生效的实例列表，如图 7-58 所示。

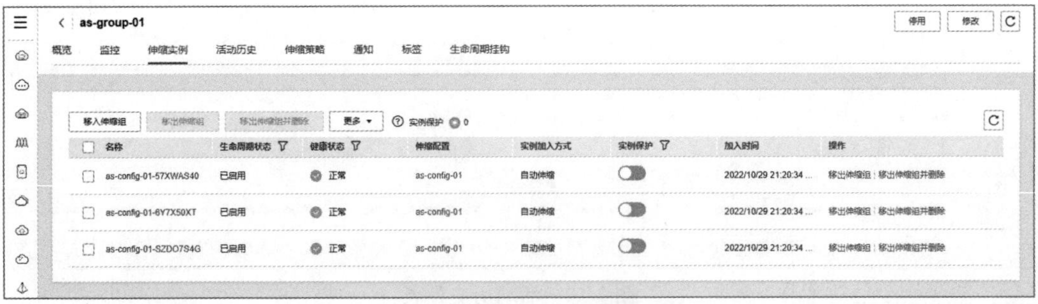

图 7-58 查看生效的实例列表

也就是说，当伸缩组中的 3 台弹性云服务器的 CPU 使用率全部超过 80%时，系统会根据策略自动增加 2 台弹性云服务器。

在当前伸缩实例列表中，随机登录一台弹性云服务器，并执行"top"命令，可看到虚拟"CPU(s)"的数量为"2"。

```
top - 22:11:00 up 49 min, 2 users, load average: 0.00, 0.01, 0.05
Tasks: 153 total,  1 running, 151 sleeping,  0 stopped,  1 zombie
%Cpu(s): 0.2 us, 0.2 sy, 0.0 ni, 99.7 id, 0.0 wa, 0.0 hi, 0.0 si, 0. st
KiB Mem : 3879800 total, 3210624 free,  266576 used,  402600 buff/cache
KiB Swap:      0 total,      0 free,      0 used. 3385732 avail Mem


Architecture:        x86_64
CPU op-mode(s):      32-bit, 64-bit
Byte Order:          Little Endian
CPU(s):              2
```

接下来，连续执行"dd"命令，提高 CPU 的使用率。

```
dd if=/dev/zero of=/dev/null &
dd if=/dev/zero of=/dev/null &
```

执行过程可通过"jobs"命令查看。

```
[root@as-config-01-szdo7s4g ~]# jobs
[1]- Running                    dd if=/dev/zero of=/dev/null &
[2]+ Running                    dd if=/dev/zero of=/dev/null &
```

再次执行"top"命令，可看到"%Cpu(s)"的使用率为 100%（62.6 us，37.4 sy），其中，62.6 us 表示用户空间使用率为 62.6%，37.4 sy 表示系统空间使用率为 37.4%。

```
top - 22:16:38 up 55 min, 2 users, load average: 1.85, 0.71, 0.29
Tasks: 157 total,  3 running, 154 sleeping,  0 stopped,  0 zombie
%Cpu(s): 62.6 us, 37.4 sy, 0.0 ni, 0.0 id, 0.0 wa, 0.0 hi, 0.0 si, 0.0 st
KiB Mem : 3879800 total, 3206516 free,  269600 used,  403684 buff/cache
KiB Swap:      0 total,      0 free,      0 used. 3382692  avail Mem
```

按照上述步骤对弹性伸缩组中的其他 2 台弹性云服务器进行重复操作。我们在"活动历史"标签中可以看到伸缩策略已被触发，并且增加了 2 台弹性云服务器，如图 7-59 所示。

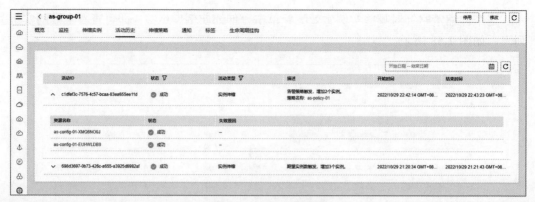

图 7-59 活动历史列表

单击策略名称，查看策略执行日志，如图 7-60 所示。

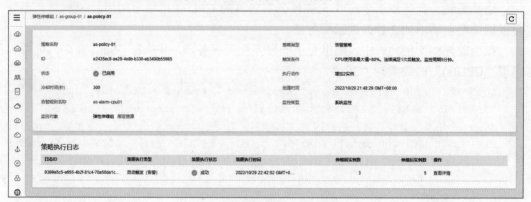

图 7-60 查看策略执行日志

我们可以看到，弹性云服务器由原来的 3 台增加到了 5 台，如图 7-61 所示。因此触发伸缩策略成功。

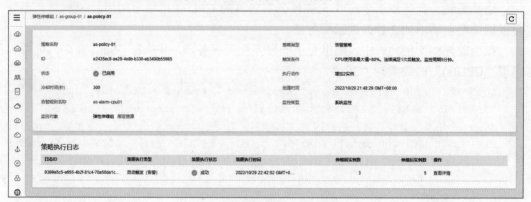

图 7-61 查看弹性云服务器列表

最后，执行"killall dd"命令结束相关作业进程。

4. 创建伸缩策略——减少

一旦过了业务高峰期，用户也可以根据伸缩策略缩减多余的弹性云服务器。在"伸缩策略"标签中单击"添加伸缩策略"，如图 7-62 所示。

图 7-62　添加伸缩策略 2

输入策略名称为"as-policy-02"，选择策略类型为"告警策略"，输入告警规则名称"as-alarm-mem01"。设置触发条件为"内存使用率"的"最小值""<（小于）""30"%，监控周期为"5 分钟"，连续出现次数为"1"，如图 7-63 所示。

图 7-63　设置伸缩策略 2

一旦触发上述告警，则执行动作"设置为""4""个实例"，用户也可以根据实际情况选择减少实例。最后单击"确定"，如图 7-64 所示。

图 7-64　设置减少动作

创建成功后，查看伸缩策略，如图 7-65 所示。

图 7-65　查看伸缩策略 2

在默认情况下，伸缩组中的 3 台弹性云服务器的内存使用率都是低于 "30%" 的。在 "活动历史" 标签中，可以看到最近触发的一次伸缩策略，显示 "告警策略触发，减少 5 个实例"（因为加上之前的业务和规则，共计 9 个实例，新创建的伸缩策略要求保留 4 个实例，所以减少 5 个实例）。活动历史列表如图 7-66 所示。

图 7-66　活动历史列表

在弹性云服务器列表中，只剩下伸缩策略要求的 4 台弹性云服务器，如图 7-67 所示。

图 7-67　剩下的 4 台弹性云服务器

注意：多个伸缩策略被应用于同一个伸缩组时，在伸缩策略不冲突的前提下，只要满足相应的伸缩策略条件，均会触发伸缩活动。

第8章
云监控及云日志服务

本章主要内容

监控和日志，是大型分布式系统中最关键的两个基础组件。没有监控，就没办法知晓服务的运行情况。监控使我们可以实时了解网站的运营状况和可用情况，而日志则详尽记录了系统的运行情况。当系统出现问题时，我们可以通过日志提供的完整的上下文信息，找到产生错误的原因，从而为维护系统提供支持。

8.1   云监控服务

8.1.1   云监控服务简介

云监控服务（CES）提供了一个针对弹性云服务器、带宽等资源的立体化监控平台。用户可以通过它全面了解华为云上的资源使用情况、业务的运行状况，并及时根据异常报警进行处理，保证业务顺畅运行。云监控架构如图 8-1 所示。

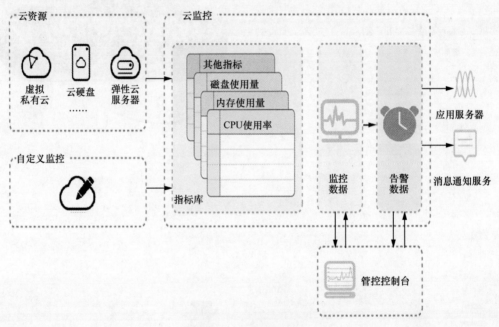

图 8-1   云监控架构

8.1.2   主机监控

如果要对当前所有的弹性云服务器进行监控，那么在云监控服务左侧菜单栏中单击"弹性云服务器"，右边主机监控列表就会显示当前所有的弹性云服务器，如图 8-2 所示。

主机监控列表有个"插件状态"字段。我们可以在该字段中看到有些弹性云服务器显示"运行中"，而有些显示"未安装"。如果弹性云服务器使用的是官方提供的公共镜像，默认镜像都安装了监控插件，通过公共镜像创建的弹性云服务器插件状态就会显示"运行中"。如果弹性云服务器使用的是 Windows 镜像或自定义的私有镜像，则需要手工安装监控插件。

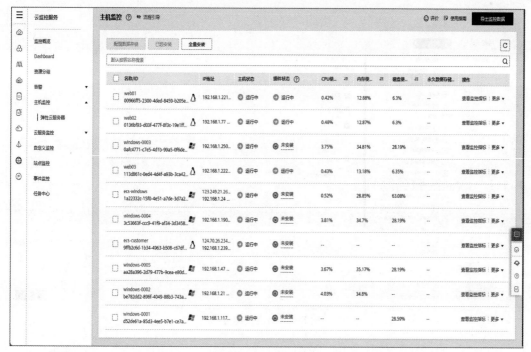

图 8-2　主机监控列表

8.1.3　资源分组

为了方便针对不同的资源进行不同维度的监控告警，我们可以对弹性云服务器进行资源分组。在资源分组界面中，单击右上角的"创建资源分组"，如图 8-3 所示。

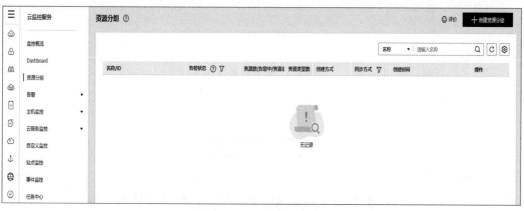

图 8-3　资源分组界面

输入名称"disk_group"，选择资源"云服务器"，在云服务器列表中勾选 3 台 Web 服务器，单击"立即创建"，如图 8-4 所示。

创建资源分组后，在当前列表中可以看到告警状态显示为"未设置告警规则"，如图 8-5 所示。

创建告警规则之前，我们可以根据业务需要提前配置告警模板和告警通知。

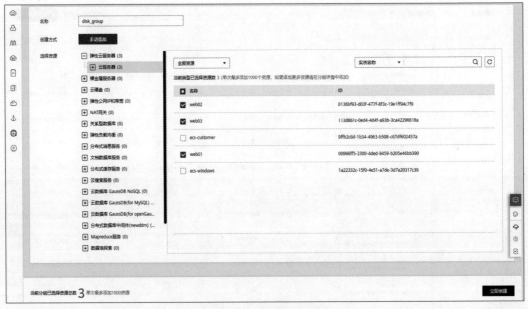

图 8-4　创建资源分组

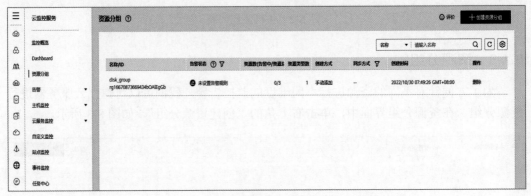

图 8-5　查看告警状态

8.1.4　告警

1. 告警模板

告警模板分为默认告警模板和自定义告警模板。默认告警模板是系统针对各个服务提前设定好的一系列告警模板，我们可以通过复制默认告警模板来快速创建自定义告警模板，也可以单独创建自定义告警模板。在默认告警模板列表中，选择合适的模板并单击"复制"，可以快速创建自定义告警模板。默认告警模板列表如图 8-6所示。

为了方便演示，这里选择创建自定义告警模板。在"自定义告警模板"标签中，单击右上角的"创建自定义告警模板"，如图 8-7 所示。

填写名称"alarmTemplate-disk"，选择触发规则"自定义创建"，并单击"添加资源类型"，如图 8-8 所示。

图 8-6　默认告警模板列表

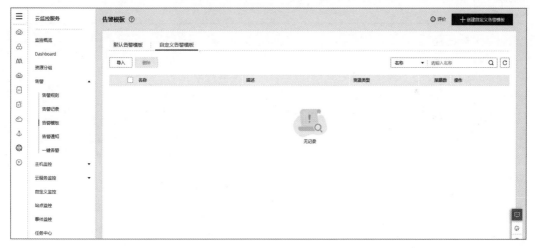

图 8-7　创建自定义告警模板

图 8-8　设置名称及触发规则

选择监控指标为"云服务器"中的"磁盘写 IOPS",如图 8-9 所示。

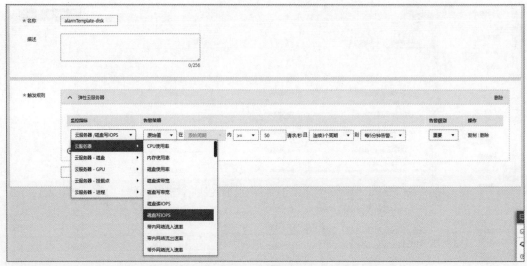

图 8-9　选择监控指标

设置告警策略为"'原始值'在'原始周期'内'>=（大于等于）''50'请求/秒且'连续 1 个周期'则'每 5 分钟告警一次'"，如图 8-10 所示。

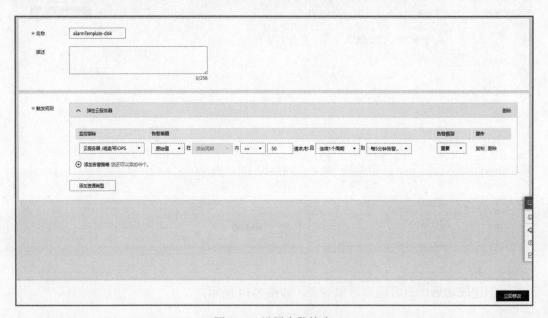

图 8-10　设置告警策略

创建成功后，我们可以在"自定义告警模板"标签中看到该模板及告警策略，如图 8-11 所示。

2．告警通知

一旦操作触发了告警策略，用户可通过配置告警通知第一时间获取告警信息，因此需要配置告警通知。在告警通知界面的"通知对象"标签中，单击"创建通知对象"，如图 8-12 所示。

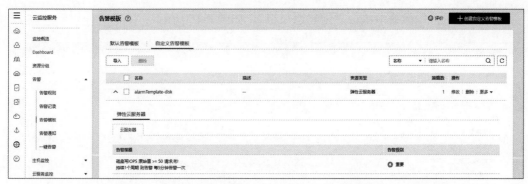

图 8-11　查看自定义告警模板及告警策略

图 8-12　告警通知界面

选择协议为"邮件",名称为"磁盘告警",输入终端邮箱,并单击"确定",如图 8-13 所示。

图 8-13　创建通知对象

创建成功后,查看通知对象列表,如图 8-14 所示。

图 8-14　查看通知对象列表

在"通知组"标签中单击"创建通知组",如图 8-15 所示。

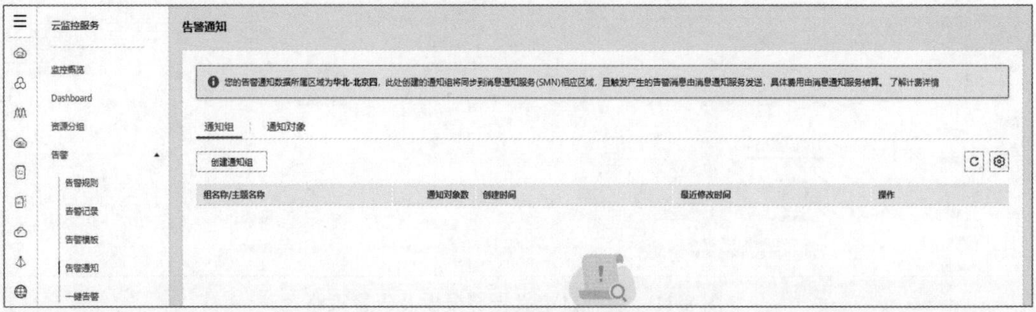

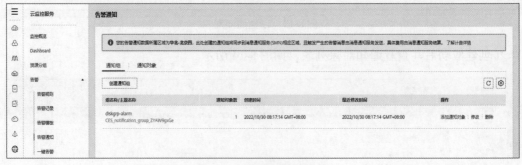

图 8-15 "通知组"标签

输入组名称为"diskgrp-alarm",选择刚才创建的通知对象,单击"确定",如图 8-16 所示。

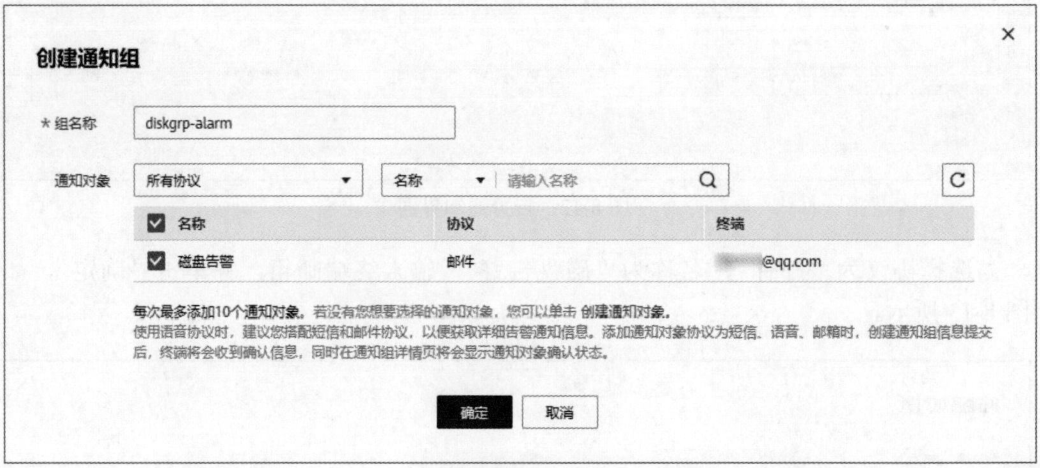

图 8-16 创建通知组

创建成功后,查看通知组列表,如图 8-17 所示。

图 8-17 查看通知组列表

需要注意的是,只有在邮件中确认订阅,告警邮件才能发送成功。打开邮箱,单击"Confirm Subscription",如图 8-18 所示。

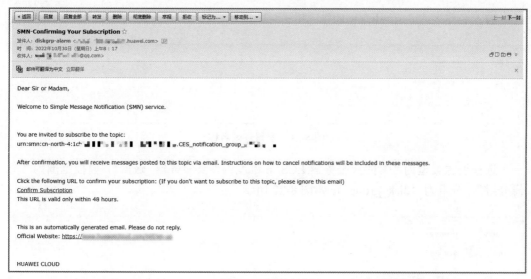

图 8-18　确认订阅

订阅成功，如图 8-19 所示。

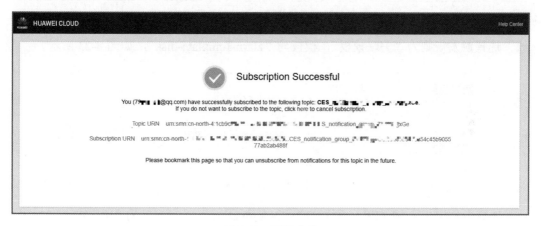

图 8-19　订阅成功

3. 告警规则

在创建告警规则时，可以直接选择加载之前创建的告警模板和告警通知。在告警规则界面右上角单击"创建告警规则"，如图 8-20 所示。

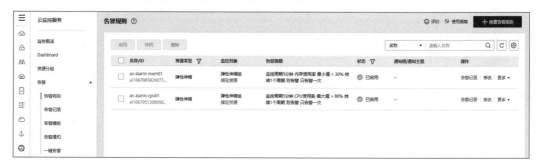

图 8-20　创建告警规则

输入名称为"alarm-disk-cust"，如图 8-21 所示。

图 8-21　配置规则名称

选择资源类型为"弹性云服务器 ECS"，维度为"云服务器-磁盘"，监控范围为"资源分组"，分组为"disk_group"，如图 8-22 所示。

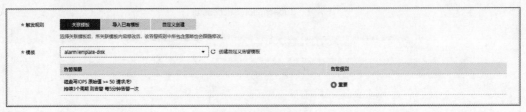

图 8-22　选择资源类型及监控范围

选择触发规则为"关联模板"，模板为"alarmTemplate-disk"，如图 8-23 所示。

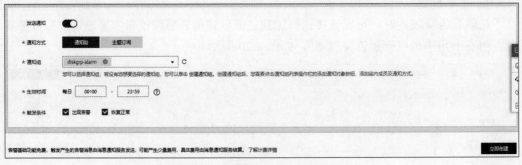

图 8-23　配置模板

选择通知方式为"通知组"，通知组为"diskgrp-alarm"，生效时间为"每日 00:00-23:59"，单击"立即创建"，如图 8-24 所示。

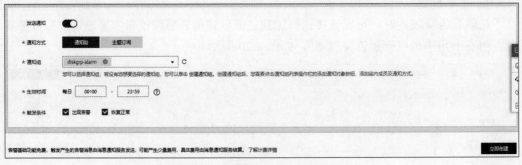

图 8-24　选择通知方式及生效时间

创建成功后，查看告警规则列表，如图 8-25 所示。

图 8-25 查看告警规则列表

登录资源分组中的 "web01" 服务器，执行以下命令，测试磁盘每次读写次数。然后在告警记录和邮件中查看告警信息。

```
dd if=/dev/zero of=/test bs=4K count=1024000 oflag=direct
```

4. 告警记录

各个服务采集上报监控数据的频率不同，所以我们需要耐心等待一段时间。根据之前设置的告警规则，告警记录列表显示告警信息，状态为 "告警中"，如图 8-26 所示。

图 8-26 告警记录列表

通过查看邮件确认告警信息，如图 8-27 所示。

图 8-27 确认告警消息

等待"web01"的"dd"命令执行结束，或在"web01"服务器中通过按"Ctrl+C"快捷键提前结束"dd"命令。等待下一个监控周期，再次查看告警记录列表中的告警信息，状态变为"已解决"，如图8-28所示。

图8-28 查看告警信息

问题得到解决后，系统也会通过邮件通知用户，如图8-29所示。

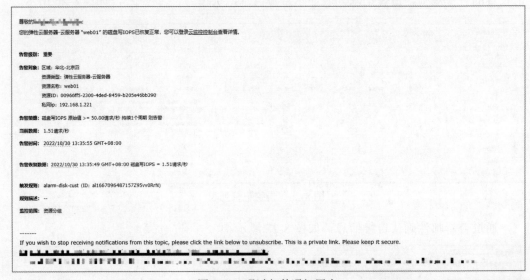

图8-29 通过邮件通知用户

8.2 云日志服务

8.2.1 云日志服务简介

云日志服务（LTS）用于收集来自主机和云服务的日志数据，通过分析与处理海量日志数据，将云服务和应用程序的性能最大化，提供实时、高效、安全的日志处理服务。用户可以快速高效地进行实时决策分析、设备运维管理、业务趋势分析。云日志服务架构如图8-30所示。

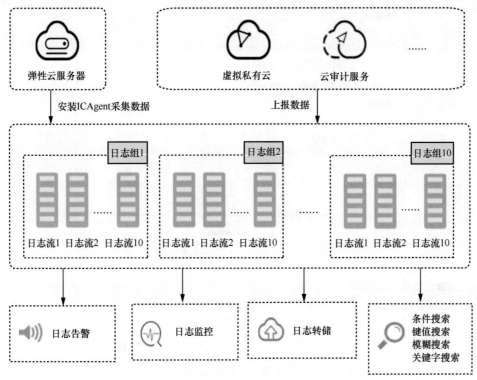

图 8-30 云日志服务架构

8.2.2 主机管理

要实现对云主机的日志管理，首先需要创建主机管理，并为被管理的云主机安装代理。在主机管理界面右上角单击"新建主机组"，如图 8-31 所示。

图 8-31 新建主机组

输入主机组名称为"log_group01"，设置主机组类型为"IP 地址"，主机类型为"Linux 主机"，并单击"安装 ICAgent"，如图 8-32 所示。

输入"AK"及"SK"密钥信息，该信息可在"我的凭证"中获取；复制 ICAgent 安装命令，在云主机中进行安装，如图 8-33 所示。

图 8-32　安装 ICAgent

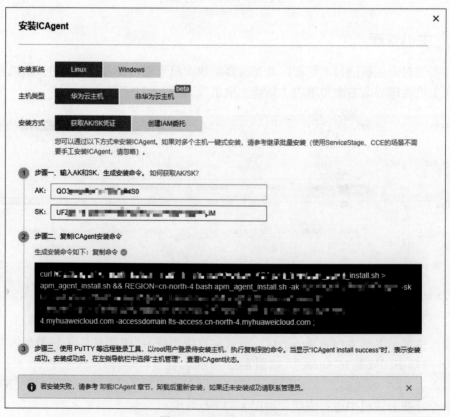

图 8-33　输入密钥及命令

将安装命令复制到云主机中，执行安装，如图 8-34 所示。

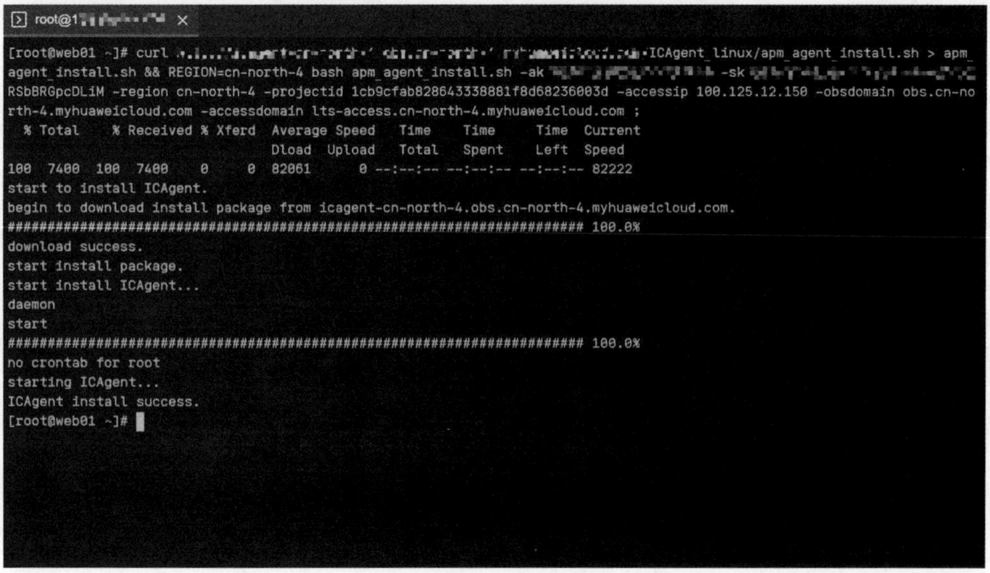

图 8-34　安装 ICAgent

再次刷新新建主机组界面，可以看到主机列表加载了已安装 ICAgent 的云主机。勾选后单击"确定"，如图 8-35 所示。

图 8-35　查看主机列表

在主机管理界面中，查看主机组及对应的主机，如图 8-36 所示。

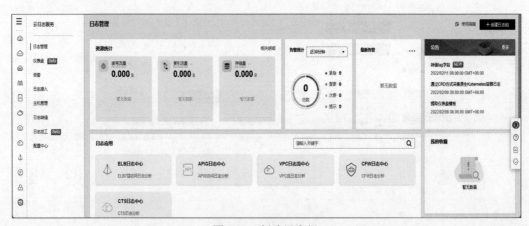

图 8-36　查看主机组及对应的主机

8.2.3　日志管理

在日志管理界面右上角单击"创建日志组"，如图 8-37 所示。

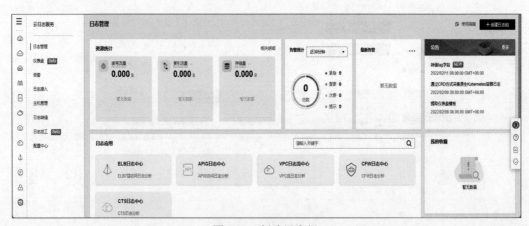

图 8-37　创建日志组

输入日志组名称为"web01_group"，设置日志存储时间为"7"天，超出存储时间的日志将被删除，单击"确定"，如图 8-38 所示。

创建成功后，在对应的日志组列表中单击"创建日志流"，对每个日志进行单独管理，如图 8-39 所示。

输入日志流名称"web01_stream01"，并单击"确定"，如图 8-40 所示。

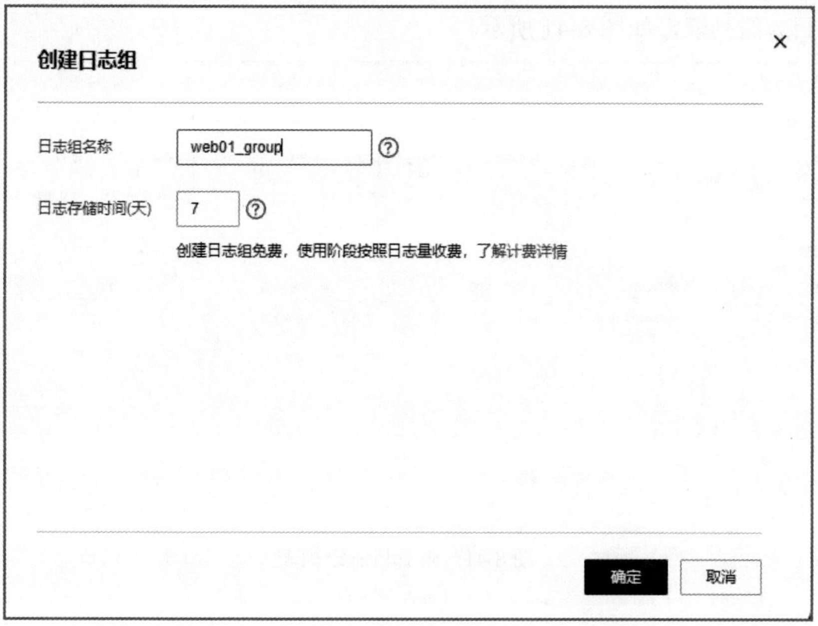

图 8-38　设置日志组名称及日志存储时间

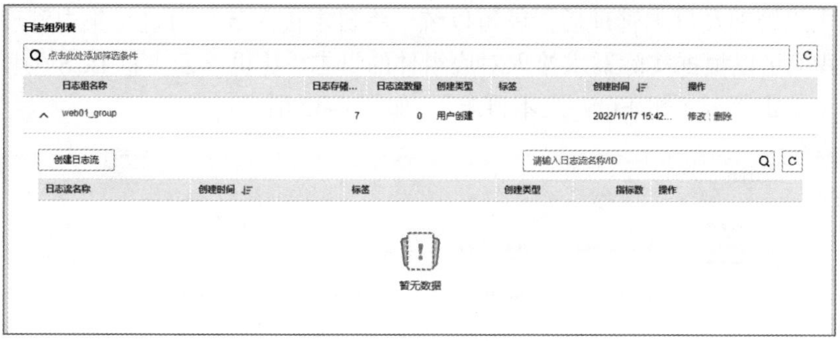

图 8-39　创建日志流

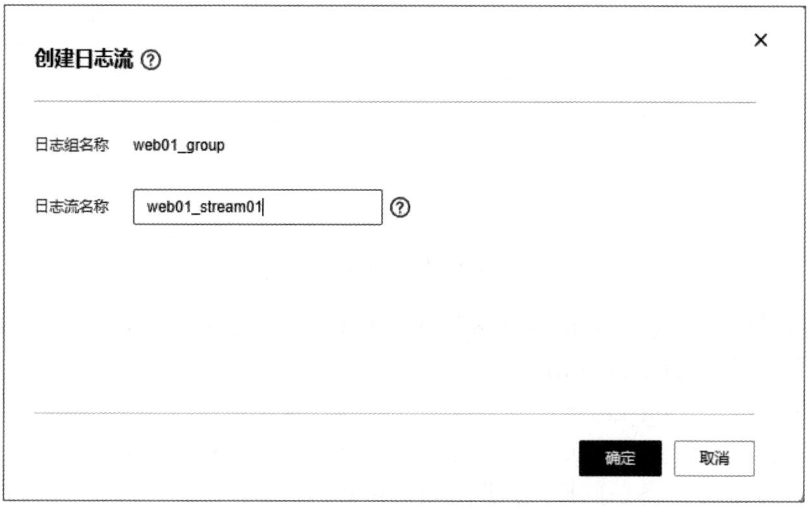

图 8-40　输入日志流名称

查看日志组列表，如图 8-41 所示。

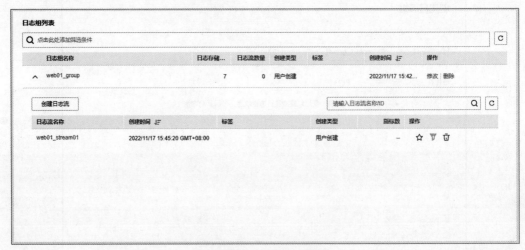

图 8-41　查看日志组列表

8.2.4　日志接入

完成主机管理及日志管理后，就可以统一将日志接入云平台进行集中管理。在生产环境中，我们可以根据实际需求接入对应组件的日志，这里以云主机 ECS 为例。在日志接入界面中单击"云主机 ECS–文本日志"，如图 8-42 所示。

图 8-42　日志接入

选择所属日志组为"web01_group"，所属日志流为"web01_stream01"，单击"下一步：选择主机组"，如图 8-43 所示。

选择主机组为"log_group01"，单击"下一步：采集配置"，如图 8-44 所示。

输入采集配置名称为"web01_syslog"，路径配置为"/var/log/httpd/access_log"，采集该服务器的 Web 服务访问日志，选择日志格式为"单行日志"，日志时间为"系统时间"，并单击"提交"，如图 8-45 所示。

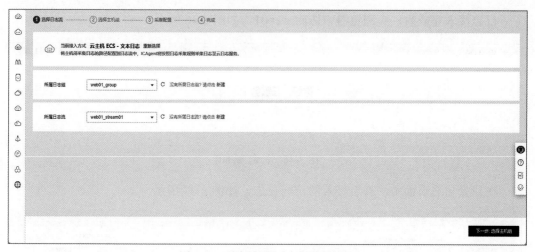

图 8-43　选择所属日志组及日志流

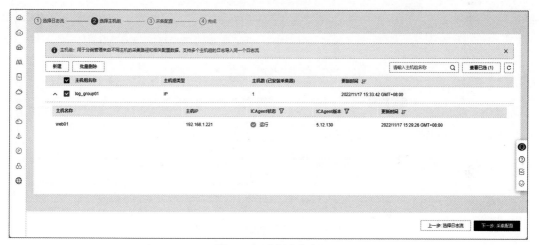

图 8-44　选择主机组

图 8-45　配置相关信息

日志接入完成后，在浏览器中访问 web01，如图 8-46 所示。

图 8-46　访问 web01

在原始日志页面中，查看接入的访问日志，如图 8-47 所示。

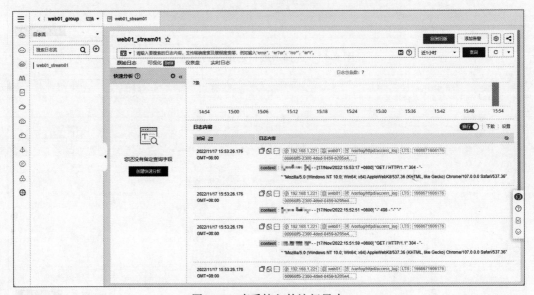

图 8-47　查看接入的访问日志

除了访问日志，我们也可以通过创建新的日志流，接入其他日志进行分析，方法同上。